中国通信学会普及与教育工作委员会推荐教材

21世纪高职高专电子信息类规划教材

21 Shiji Gaozhi Gaozhuan Dianzi Xinxilei Guihua Jiaocai

通信工程监理实务

秦文胜 主编

孙青华 主审

U0240218

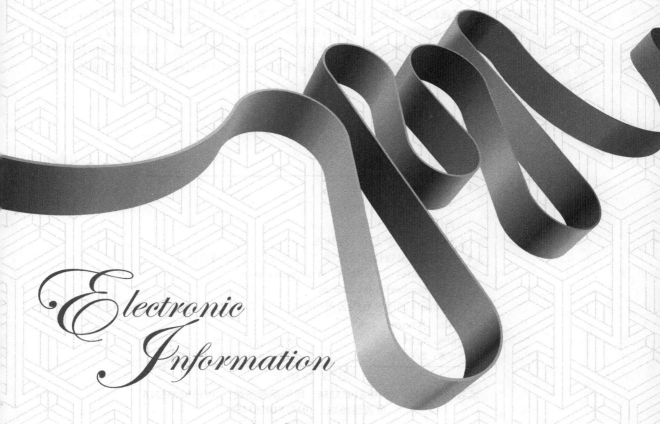

Electronic Information

人民邮电出版社

北京

图书在版编目（CIP）数据

通信工程监理实务 / 秦文胜主编. -- 北京：人民
邮电出版社，2013.11（2023.8重印）
21世纪高职高专电子信息类规划教材
ISBN 978-7-115-32957-8

Ⅰ．①通… Ⅱ．①秦… Ⅲ．①通信工程－监督管理－
高等职业教育－教材 Ⅳ．①TN91

中国版本图书馆CIP数据核字(2013)第222081号

内 容 提 要

本书为国家级精品课程《通信工程监理实务》的配套教材，全书按照工学结合课程教学的要求编写，共分为 3 部分。第一部分介绍了一套必备的通信监理基本理论和基础知识，主要包括通信工程监理基本概念，监理人员和监理企业的资质及管理，通信监理组织机构及管理模式，监理流程及文档管理，通信监理"三控三管一协调"以及风险管理等；第二部分选取了 4 个典型的通信工程监理项目，包括通信管道工程、通信光缆工程、数据与交换设备安装工程以及无线基站工程等项目监理实务；第三部分是课程资料汇编，整理和汇编了监理工作中常见的术语、监理表格、工程图纸，以及国家及行业相关的法律、法规及标准等，供师生查阅参考。

本书根据高职教育对课程改革的要求进行编写，图文并茂，深入浅出，注重实用性和可操作性；充分体现了"理论适度够用，实例源于工程，理论与实践相融合"的工学结合特色。另外，为了便于教学，每章都给出了教学目标、本章小结和思考题等。本书既可以作为高职院校通信工程监理和通信技术等相关专业的教材，也可以作为通信监理行业员工入职培训教材，还可以作为通信监理工程师日常工作学习的参考资料。

◆ 主　　编　秦文胜
　　主　　审　孙青华
　　责任编辑　武恩玉
　　责任印制　彭志环　杨林杰

◆ 人民邮电出版社出版发行　　北京市丰台区成寿寺路 11 号
　　邮编　100164　　电子邮件　315@ptpress.com.cn
　　网址　http://www.ptpress.com.cn
　　天津画中画印刷有限公司印刷

◆ 开本：787×1092　1/16
　　印张：12.25　　　　　　　　2013 年 11 月第 1 版
　　字数：293 千字　　　　　　2023 年 8 月天津第 14 次印刷

定价：29.80 元
读者服务热线：(010)81055256　印装质量热线：(010)81055316
反盗版热线：(010)81055315

前　　言

　　一直以来，通信行业的发展为我国全面实行改革开放，大力提升国民经济实力和人民生活水平提供了强有力的保障。特别是 21 世纪，人类跨入了信息时代，通信技术革命日新月异，这对通信网络的建设和运行提出了更高的要求。为了保证通信工程建设的质量，在通信工程建设中实行监理制度势在必行，且刻不容缓。

　　随着 1994 年 12 月 8 日原邮电部《关于发布"通信工程建设监理管理办法（试行）"等规定的通知》颁布，我国通信建设监理行业开始起步。至今，在短短的十几年里，通信建设监理行业在全国大规模的通信建设投入形势下不断壮大发展，现已成为通信建设中一支不可缺少的力量，为通信建设管理模式由自建自管向社会化管理转变起到了积极的推动作用。

　　随着通信工程监理行业的发展，对监理人才需求也提出了更高的要求。近年来，全国各高校先后开设了通信工程项目管理和通信工程监理等相关专业，并在专业建设中大力推行工学结合，实行课程改革。广东轻工职业技术学院于 2005 年在全国高职院校中率先开设了通信工程监理专业，该专业由我校申报并获得教育部批准正式列为高职高专新增专业。秦文胜教授主持并主讲的《通信工程监理实务》课程被评为 2009 年国家级精品课程。该课程是校企共同开发和建设的专业核心课程。该课程以通信工程监理基本理论和概念为基础，以典型通信工程项目为载体，以"三控三管一协调"的监理员岗位技能训练为核心，逐步形成了"141"的课程教学模式，即该课程包括：讲授 1 套必备的通信监理基本理论和基础知识，介绍 4 个典型的通信工程项目的监理实务，完成 1 个真实的现场监理任务。通过这种工学结合的课程教学和训练，为学生后续专业课程的学习和职业成长打下坚实的基础。

　　本书由广东轻工职业技术学院秦文胜担任主编，并负责全书的统稿、修改和校对；广东邮电职业技术学院黄坚任副主编，并编写第一部分的第 1～4 章；第二部分的第 5、6、7、8 章分别由广东轻工职业技术学院洪军、于丙涛、黄兰、秦文胜编写；广东轻工职业技术学院王志学老师负责整理第三部分，并协助对全书的统稿和校对。

　　在本书的编写过程中，我们有幸得到了石家庄邮电职业技术学院孙青华教授的大力支持和帮助，并在百忙之中提出了审校意见；广东达安项目管理股份有限公司郑善清、曾谭强、张树群、胡明滨、李兴胜等专家也对本书的编写提供了宝贵的技术资料和修改意见。在此一并致以诚挚的感谢！

　　随着通信工程监理行业的不断发展和完善，对通信工程监理人才的要求也在不断提高，教学的内容也在不断更新。由于编者的经验和水平有限，书中难免有疏漏和不妥之处，恳请广大读者批评指正。

编　　者

2013 年 7 月

前　言

目　录

第二部分 通信工程监理典型项目

第三部分 资料汇编

第一部分

通信工程监理概论

第 **1** 章

通信工程监理基本概念

本章提要

本章介绍了建设工程监理的基本概念。通过对本章的学习，读者应掌握工程监理的定义、性质和作用；了解通信工程监理的业务范围及法律法规体系；熟悉监理人员资质获取、监理人员职责、职业道德和素质要求；了解监理企业资质管理、运行管理及经营准则。

1.1 概述

1.1.1 工程监理的定义及产生背景

建设工程监理是指具有相应资质的工程监理企业，接受建设单位的委托，承担有关项目管理工作，并代表建设单位对承建单位的建设行为进行监控的专业化服务活动。

改革开放 30 多年来，我国通信行业的迅速发展、技术的不断更新以及业务规模的持续扩张，促使各家通信运营商都加紧扩建自己的网络，从而带动了通信建设市场的高速发展。从过去少数几家专业工程公司按计划进行建设，到目前众多的设备制造商和工程施工单位加入通信建设工程行列。建设人员的水平和技术参差不齐，各建设单位施工方法不同、标准不一，技术上无专人协调，从而造成工程故障多，质量隐患多，设备安装布线混乱，调测困难，总体工程质量呈下降趋势。因此，在通信建设市场引入工程监理制度势在必行，众多的通信建设监理公司如雨后春笋般出现，活跃在通信工程建设的第一线。

在制度层面，建设部于 1988 年首先发布了《关于开展建立监理制的通知》，明确提出要建立建设监理制度，建立专业化、社会化的建设监理机构，协助建设单位做好项目管理工作。1997 年，《中华人民共和国建筑法》以法律的形式作出规定，国家推行建设工程建设监理制度，从而为建设工程建设监理制在全国范围正式推广得到法律的支持。

多年来的实践证明，工程监理机制在通信工程建设中发挥着越来越重要的作用，并受到业界广泛关注和普遍认可。其主要原因是工程监理工作是由具有相应资质的专业监理公司承担，具有技术管理、经济管理、合同管理、组织管理和工程协调等多项业务职能。可以协助建设单位进行工程项目可行性研究，优选设计方案、设计单位和承包单位，组织审查设计文件，控制工程质量、造价和工期，监督、管理通信建设工程合同的履行，协调建设单位与通信工程建设有关方面的工作关系等。解决了建设单位在通信工程建设中缺乏既懂技术又懂管理的人才等困难，避免了工程建设中的各种浪费现象，保证了工程质量、进度和效益。

1.1.2　工程监理的性质和作用

1. 工程监理的性质

（1）服务性

工程建设监理的服务性是由它的业务性质所决定的，工程建设监理的服务对象是通信建设单位。监理服务是按照委托监理合同的规定进行的，受法律的约束和保护。在监理过程中，工程建设监理企业既不直接进行设计，也不直接进行施工；既不向建设单位承包造价，也不参与承包商的利益分成，只向业主收取一定的酬金。监理人员利用自己在工程建设方面的专业知识、技能和经验，通过必要的试验和检测手段，确保工程质量，控制工期进度，为建设单位提供高智能的监督管理服务。工程建设监理企业不能完全取代建设单位的管理活动，它只能在建设单位授权范围内代表建设单位进行管理，工程建设中的重大问题决策仍由建设单位负责。

（2）科学性

工程建设监理的科学性是由它的技术服务性质决定的，监理提供的服务要求通过对科学知识的应用来实现其价值。因此，要求监理单位和监理工程师在开展监理服务时，能够提供科学含量高的服务，以创造更大的价值。作为专业的监理机构，监理企业有组织能力强、工程建设经验丰富的领导者；有具有丰富管理经验和应变能力的监理工程师队伍；有健全的管理制度；掌握先进的管理理论、方法和手段；积累了足够的技术、经济资料和数据。因此，能科学地对通信工程项目建设进行监理，实事求是、有创造性地开展工作。

（3）独立性

工程监理企业是工程建设中独立的一方，既要认真、勤奋、竭诚地为委托方（建设单位）服务，协助业主（建设单位）实现预定的目标，也要按照公正、独立、自主的原则开展监理工作。按照独立性的要求，工程建设监理企业应当严格以有关法律、法规、规章、工程建设文件、工程建设技术标准、建设工程委托监理合同以及有关的建设工程合同等为依据实施监理。在开展工程建设监理的过程中，必须建立自己的组织，按照自己的工作计划、程序、流程、方法、手段，独立地开展工作。

（4）公正性

在开展通信建设监理的过程中，工程建设监理企业应当排除各种干扰，客观、公正地对待建设单位和承建单位。特别是当这两方发生利益冲突或者矛盾时，工程建设监理企业应当以事实为根据，以法律和有关合同为准绳，在维护建设单位利益的同时不损害承建单位的合法权益。为了保证公正性，监理单位必须在人事和经济上独立，避免"同体监理"。 在委托监理的工程中，与承建单位不得有隶属关系和其他利害关系。

2. 工程监理的作用

我国实施建设工程监理的时间虽然不长，但随着监理工作的规范化与正规化，以及其在建设领域中产生的积极效应，工程监理制度也已引起全社会的广泛关注和重视，得到了广大建设单位的认可。其作用主要体现在以下几个方面：

（1）有利于提高建设工程投资决策科学化水平

工程监理企业可协助建设单位选择适当的工程咨询机构，管理工程咨询合同的实施，并对咨询结果（如项目建议书、可行性研究报告）进行评估，提出有价值的修改意见和建议；监理企业也可以直接从事工程咨询工作，为建设单位提供建设方案。工程监理企业参与或承担项目决策阶段的监理工作，有利于提高项目投资决策的科学化水平。

（2）有利于规范工程建设参与各方的建设行为

工程监理制贯穿于工程建设的全过程，采用事前、事中和事后控制相结合的方式。一方面，可有效地规范各承建单位的建设行为，最大限度地避免不当建设行为的发生，或最大限度地减少其不良后果；另一方面，工程监理单位可以向建设单位提出适当的建议，从而避免发生建设单位的不当建设行为，起到一定的约束作用。当然，工程监理企业必须首先规范自身的行为，并自觉接受政府主管部门的监督管理。

（3）有利于促使参建单位保证建设工程质量和使用安全

工程监理企业对承建单位建设行为的监督管理实际上是从产品需求者的角度对建设生产过程的管理。监理人员既懂工程技术又懂经济管理，他们有能力及时发现建设过程中出现的问题，发现工程材料、设备以及阶段产品存在的问题，从而避免留下工程质量隐患。工程监理企业介入通信建设工程生产过程的管理对保证建设工程质量和使用安全性有着重要作用。

（4）有利于实现建设工程投资效益最大化

实行建设工程监理制之后，工程监理企业能协助建设单位实现在满足建设工程预定功能和质量标准的前提下，使工程投资额最少；同时逐步达到在满足建设工程预定功能和质量标准的前提下，使建设工程寿命周期费用最少；并最终实现建设工程本身的投资效益与环境、社会效益的综合效益最大化。

近年来，各种建设法律法规及制度逐渐完善，通信工程建设监理事业也得到了长足的发展，对我国通信工程建设发挥了巨大的作用。

1.1.3 工程监理的业务范围

根据国务院颁布的《建设工程质量管理条例》，中华人民共和国建设部于2001年1月17日发布《建设工程建设监理范围和规模标准规定》，确定了必须实行监理的建设工程项目的具体范围和规模标准，分为监理的工程范围和监理的建设阶段范围两部分。

1. 监理的工程范围

（1）国家重点建设工程

依据《国家重点建设项目管理办法》所确定的对国民经济和社会发展有重大影响的骨干项目。

（2）大中型公用事业工程

项目投资在 3000 万元以上的供水、供电、供气、供热等市政工程项目；科技、教育、文化等项目；体育、旅游、商业等项目；卫生、社会福利等项目；其他公用事业项目。

（3）成片开发建设的住宅小区工程

建筑面积在 5 万平方米以上的住宅建设工程必须实行监理；5 万平方米以下的工程可以进行监理。

（4）利用外国政府或者国际组织贷款、援助资金的工程

包括使用世界银行、亚洲开发银行等国际组织贷款资金的项目；使用国外政府及其机构贷款资金的项目；使用国际组织或者国外政府援助资金的项目。

（5）国家规定必须实行监理的其他工程

项目投资 3000 万元以上关系社会公共利益、公众安全的交通运输、水利建设、城市基础设施、生态环境保护、信息产业、能源等基础设施项目以及学校、影剧院、体育场馆项目。

2．监理的建设阶段范围

工程建设监理可适用于工程建设投资决策阶段和实施阶段，但目前主要是在建设工程施工阶段。

在建设工程施工阶段，建设单位、勘察单位、设计单位、施工单位和工程建设监理企业等各类行为主体均出现在建设工程当中，形成了一个完整的建设工程组织关系。由建设单位、勘察单位、设计单位、施工单位和工程建设监理企业各自承担工程建设的责任和义务。在施工阶段委托监理，其目的是更有效地发挥监理的规划、控制、协调作用，为在预定目标内完成工程提供最好的管理服务。

1.1.4　通信工程的特点及监理的工作内容

1．通信工程的特点

① 保证通信网络的全程全网性，决定了通信工程必须适应通信网的技术要求，工程所用的通信设备和器材必须具有工信部颁发的"入网证"。

② 通信手段的多样化决定了通信线路和通信设备种类繁多。

③ 通信建设工程项目点多面广，线路长，一个工程项目包括许多类型的线路局站，应具有全网的统一性和安全性。

④ 通信建设工程机械工艺要求精密、整齐、美观且牢固抗震。

⑤ 通信建设工程环境要求较高，应具有设计要求的温度、湿度、洁净度、防火、防盗等。

2．通信工程监理的工作内容

通信工程监理的主要工作可以概括为"三控三管一协调"，即工程项目的进度控制、质量控制、投资控制、信息管理、合同管理、安全管理以及工程项目的协调。根据 GB 50319-2012《建设工程建设监理规范》，结合通信工程的特点，通信工程建设监理主要包括施工阶段的管理工作、施工合同的管理、施工阶段监理信息的整理以及受建设单位的委托进行设备采购监理和设备监造。

1.1.5　建设工程监理法律法规体系

1．建设工程法律

法律是由全国人民代表大会及其常务委员会通过的基本大法，由国家主席签署主席令予以公布。

与建设工程相关的法律主要有以下几个。

（1）《中华人民共和国建筑法》

《中华人民共和国建筑法》是我国工程建设领域的一部大法，全文分 8 章共计 85 条，整部法律内容是以建筑市场管理为中心，以建筑工程质量和安全为重点，以建筑活动监督管理为主线形成的。

（2）《中华人民共和国合同法》

《中华人民共和国合同法》1999 年 3 月 15 日由第九届全国人民代表大会第二次会议通过。全文分为 23 章 427 条，就合同的订立、合同的效力、合同的权利和义务以及合同的履行、变更、转让作出详细规定，并对常用的合同规格进行了说明。

（3）《中华人民共和国招标投标法》

《中华人民共和国招标投标法》由中华人民共和国第九届全国人民代表大会常务委员会第十一次会议于 1999 年 8 月 30 日通过，自 2000 年 1 月 1 日起施行。全文分 6 章 68 条，以招投标活动为主线，就招标、投标人的资格，开标、评标和中标的具体做法进行规定，并对违法应负的法律责任和处罚进行规定。用于规范招投标活动，保护国家利益、社会利益和招投标活动当事人的合法权益。

2．建设工程行政法规

行政法规由国务院根据宪法和相关的法律来制定，由国务院总理签署国务院令公布执行。与建设工程相关的行政法规主要有以下几个。

（1）《建设工程质量管理条例》

《建设工程质量管理条例》以建设工程质量责任主体为基线，规定了建设单位、勘察单位、设计单位、施工单位和工程建设监理单位的质量责任和义务，明确了工程质量保修制度、工程质量监督制度等内容，并对各种违法行为的处罚作出原则规定。共分 9 章 82 条。

（2）《建设工程安全生产管理条例》

2003 年 11 月 24 日中华人民共和国国务院令第 393 号发布，自 2004 年 2 月 1 日起施行。条例共 8 章 71 条，主要界定了建设单位、勘察单位、设计单位、施工单位、工程监理单位及其他与建设工程安全生产有关的单位的安全责任，对生产安全事故的应急救援和调查处理和安全生产的监督管理，强调必须遵守安全生产法律、法规的规定，保证建设工程安全生产，依法承担建设工程安全生产责任。

3．建设工程部门规章

部门规章是国务院主管部门根据法律和国务院的行政法规而制定的规范工程建设活动的规章。由主管部长签署公布执行。与建设工程相关的部门规章主要有以下几个。

（1）《建设工程建设监理范围和规模标准规定》

中华人民共和国建设部令第 86 号于 2000 年 12 月 29 日经第 36 次建设部常务会议讨论通过，2001 年 1 月 17 日正式发布执行。主要确定必须实行监理的建设工程项目具体范围和规模标准，用于规范建设工程监理活动。

（2）《工程建设监理企业资质管理规定》

中华人民共和国建设部令第 158 号于 2006 年 12 月 11 日经建设部第 112 次常务会议讨论通过，自 2007 年 8 月 1 日起施行。主要对在中华人民共和国境内从事建设工程监理活动的工程监理企业资质作出规定，是实施对工程监理企业资质监督管理的依据。

（3）《评标委员会和评标方法暂行规定》

由中华人民共和国国家发展计划委员会、国家经济贸易委员会、建设部、铁道部、交通部、信息产业部和水利部联合发布的第 12 号令于 2001 年 7 月 5 日发布执行。主要是规范评标委员会的组成和评标活动，保证评标的公平、公正，维护招标投标活动当事人的合法权益。

（4）《建设工程监理与相关服务收费管理规定》

2007 年 3 月 30 日由国家发改委、建设部以发改价格[2007]670 号发布实施。用于规范建设工程监理与相关服务收费行为，维护发包人和监理人的合法权益，从中对建设工程监理与相关服务收费标准进行了明确。

（5）《注册监理工程师管理规定》

于 2005 年 12 月 31 日经建设部第 83 次常务会议讨论通过，以建设部第 147 号令发布，自 2006 年 4 月 1 日起施行。对中华人民共和国境内注册监理工程师的注册、执业、继续教育和监督管理提出了具体要求。

4. 建设工程标准规范

对建设工程标准进行规范的文件主要有以下两个。

（1）《建设工程建设监理规范》（GB 50319-2012）

由建设部批准的国家标准规范，用于规范对新建、扩建、改建建设工程施工、设备采购和制造的监理工作。其中规定了项目监理机构和监理人员的要求和职责，监理工作中进度控制、质量控制、投资控制、合同管理的具体内容和相关监理文档的技术要求。

（2）《建设工程建设监理规范》（GB 50319-2012）条文说明

主要是对监理规范中涉及的、监理工作和监理文档中出现的技术条文进行解释说明。

5. 建设工程规范性文件

对建设工程进行规范性要求的文件主要有以下两个通知：

（1）关于印发《建设工程施工合同（示范文本）》的通知

由中华人民共和国建设部、国家工商行政管理局于 1999 年 12 月 24 日发布，主要是通知做好《建设工程施工合同（示范文本）》（GF-1999-0201）的推行工作，附有修订后的《建设工程施工合同（示范文本）》，由协议书、通用条款和专用条款 3 部分组成。

（2）关于印发《建设工程委托监理合同（示范文本）》的通知

由中华人民共和国建设部、国家工商行政管理局于 2000 年 2 月 17 日发布，主要是通知做好修订后的《建设工程委托监理合同（示范文本）》（GF-2000-0202）的推广使用工作。

1.2　通信工程监理人员的资质及管理

1.2.1　通信工程监理人员的资质

《注册监理工程师管理规定》对监理从业人员的资质提出了具体要求。注册监理工程师需经考试取得中华人民共和国监理工程师资格证书，受聘于一个具有建设工程勘察、设计、施工、监理、招标代理、造价咨询等一项或者多项资质的单位，经注册后方可从事相应的执业活动。未取得注册证书和执业印章的人员不得以注册监理工程师的名义从事工程监理及相关业务活动。

监理企业承接通信工程建设项目，必须成立项目监理机构，其监理人员应进行专业配套，在数量上满足工程项目监理工作的需要。其中，对主要几种监理人员的资质要求如下：

① 总监理工程师是由监理单位法定代表人书面授权，全面负责委托监理合同的履行、主持项目监

理机构工作的监理工程师，应具有 3 年以上同类工程监理工作经验。

② 总监理工程师代表是经监理单位法定代表人同意，由总监理工程师书面授权，代表总监理工程师行使其部分职责和权力的项目监理机构中的监理工程师，应具有 2 年以上同类工程监理工作经验。

③ 专业监理工程师是根据项目监理岗位职责分工和总监理工程师的指令，负责实施某一专业或某一方面的监理工作，具有相应监理文件签发权的监理工程师，应取得国家监理工程师执业资格证书并经注册，具有 1 年以上同类工程监理工作经验。

④ 监理员必须是经过监理业务培训，具有同类工程相关专业知识，从事具体监理工作的监理人员。

1.2.2　通信工程监理人员的职责

一般项目监理机构人员的配置包括总监理工程师、专业监理工程师和监理员，部分项目还设置总监理工程师代表，他们各自承担不同的职责。

1. 总监理工程师的职责

项目监理机构实行总监理工程师负责制。总监理工程师主持项目监理机构的日常工作，应履行以下职责：

① 确定项目监理机构人员的分工和岗位职责；

② 主持编写项目监理规划，审批项目监理实施细则，并负责管理项目监理机构的日常工作；

③ 审查分包单位的资质，并提出审查意见；

④ 检查和监督监理人员的工作，根据工程项目的进展情况进行人员的调配，对不称职的人员应调换其工作；

⑤ 主持监理工作会议，签发项目监理机构的文件和指令；

⑥ 审定承包单位提交的开工报告、施工组织设计、技术方案、进度计划；

⑦ 审核签署承包单位的申请、支付证书和竣工结算；

⑧ 审查和处理工程变更；

⑨ 主持或参与工程质量事故的调查；

⑩ 调解建设单位与承包单位的合同争议、处理索赔、审批工程延期；

⑪ 组织编写并签发监理月报、监理工作阶段报告、专题报告和项目监理工作总结；

⑫ 审核签认分部工程和单位工程的质量检验评定资料，审查承包单位的竣工申请，组织监理人员对待验收的工程项目进行质量检查，参与工程项目的竣工验收；

⑬ 主持整理工程项目的监理信息。

2. 总监理工程师代表的职责

根据工程项目的需要，可设立总监理工程师代表，负责总监理工程师指定或交办的监理工作，按照总监理工程师的授权行使总监理工程师的部分职责和权力。但总监理工程师不得将下列工作委托总监理工程师代表：

① 主持编写项目监理规划、审批项目监理细则；

② 签发工程开工/复工报审表、工程暂停令、工程款支付证书、工程竣工报验单；

③ 审核签认竣工结算；

④ 调解建设单位与承包单位的合同争议、处理索赔，审批工程延期；

⑤ 根据工程项目的进展情况进行监理人员的调配，调换不称职的监理人员。

3. 专业监理工程师的职责

专业监理工程师是负责实施某一专业或某一方面的监理工作，具有相应监理文件签发权的监理工程师，按照岗位职责和总监理工程师的指令，主持本专业监理组的工作，应该履行以下职责：

① 负责编制本专业的监理实施细则；

② 负责本专业监理工作的具体实施；

③ 组织、指导、检查和监督本专业监理员的工作，当人员需要调整时，向总监理工程师提出建议；

④ 审查承包单位提交的涉及本专业的计划、方案、申请、变更，并向总监理工程师提出报告；

⑤ 负责本专业分项工程验收和隐蔽工程验收；

⑥ 定期向总监理工程师提交本专业监理工作实施情况报告，对重大问题应及时向总监理工程师汇报和请示；

⑦ 根据本专业监理工作实施情况做好监理日志；

⑧ 负责本专业监理信息的收集、汇总及整理，参与编写监理月报；

⑨ 核查进场材料、设备、构配件的原始凭证、检测报告等质量证明文件及其质量情况，根据实际情况，如认为有必要，对进场材料、设备、构配件进行平行检验，合格时予以签认；

⑩ 负责本专业的工程计量工作，审核工程计量的数据和原始凭证。

4. 监理员的职责

项目监理机构中，监理员是从事具体监理工作的技术人员，应履行以下职责：

① 在专业监理工程师的指导下开展现场监理工作；

② 检查承包单位投入工程项目的人力、材料、主要设备及其使用运行状况，并做好检查记录；

③ 复核或从施工现场直接获取工程计量的有关数据并签署原始凭证；

④ 按设计图及有关标准对承包单位的工艺过程或施工工序进行检查和记录，对加工制作及工序施工质量检查结果进行记录；

⑤ 担任旁站工作，发现问题及时指出并向专业监理工程师报告；

⑥ 做好监理日志和有关的监理记录。

1.2.3 通信工程监理人员的职业道德及素质

1. 监理人员职业道德

工程监理工作必须遵守公正的原则，监理人员在执业过程中要严格遵守以下通用职业道德守则，确保监理事业的健康发展。

① 维护国家的荣誉和利益，按照"守法、诚信、公正、科学"的准则执业；

② 执行有关工程建设的法律、法规、标准、规范、规程和制度，履行监理合同规定的义务和职责；

③ 努力学习专业技术和建设监理知识，不断提高业务能力和监理水平；

④ 不以个人名义承揽监理业务；

⑤ 不同时在两个或两个以上的监理单位注册和从事监理活动，不在政府部门和施工、材料设备的生产供应等单位兼职；

⑥ 不为所监理的项目指定承包商、建筑构配件、设备、材料生产厂商和施工方法；

⑦ 不收受被监理单位的任何礼金；

⑧ 不泄露所监理工程各方认为需要保密的事项；

⑨ 坚持独立自主地开展工作。

2. 监理人员素质

从事监理工作的人员不仅要遵守职业道德，而且要有一定的职业素质，因此监理工程师还应具备以下的素质：

① 较高的专业学历和复合型的知识结构；

② 丰富的工程建设实践经验；

③ 良好的品德；

④ 健康的体魄和充沛的精力。

3. FIDIC 道德准则

在国外，工程师的职业道德准则由其协会组织制定并监督实施。国际咨询工程师联合会（FIDIC）在 1991 年在慕尼黑召开的全体成员大会上讨论批准了 FIDIC 通用道德准则。该准则分别从对社会和职业的责任、能力、正直性、公正性、对他人的公正 5 个问题计 14 个方面规定了工程师的道德行为准则。目前，国际咨询工程师协会的会员国家都在认真地执行这一准则。

（1）对社会和职业的责任：

① 接受对社会的职业责任。

② 寻求与确认的发展原则相适应的解决办法。

③ 在任何时候维护职业的尊严、名誉和荣誉。

（2）能力：

④ 保持其知识和技能与技术、法规、管理的发展相一致的水平，对于委托人要求的服务，采取相应的技能，并尽心尽力。

⑤ 仅在有能力从事服务时方才进行。

（3）正直性：

⑥ 在任何时候，均为委托人的合法权益行使其职责，并且正直和忠诚地进行职业服务。

（4）公正性：

⑦ 在提供职业咨询、评审或决策时不偏不倚。

⑧ 通知委托人在行使其委托权时可能引起的任何潜在的利益冲突。

⑨ 不接受可能导致判断不公的报酬。

（5）对他人的公正：

⑩ 加强"按照能力进行选择"的观念。

⑪ 不得故意或无意地做出损害他人名誉或事务的事情。

⑫ 不得直接或间接取代某一特定工作中已经任命的其他咨询工程师的位置。

⑬ 通知该咨询工程师并且在接到委托人终止其先前任命的建议前，不得取代该咨询工程师的工作。

⑭ 在被要求对其他咨询工程师的工作进行审查的情况下，要以适当的职业行为和礼节进行。

1.2.4 通信工程监理人员的培养及管理

监理人员的培养及管理是一个长期的、持续的过程。一般的监理员需要经过培训，才能取得监理员上岗资格证，持证上岗。而监理工程师则需要通过国家考试，经过注册后才能取得监理执业资格，在注册有效期内还应接受继续教育。

1. 监理工程师资格考试

1996 年 8 月，建设部、人事部下发了《建设部、人事部关于全国监理工程师执业资格考试工作的通知》（建监〔1996〕462 号），从 1997 年起，全国正式举行监理工程师执业资格考试。考试工作由建设部、人事部共同负责，日常工作委托建设部建筑监理协会承担，具体考务工作由人事部人事考试中心负责。考试每年举行一次，考试时间一般安排在 5 月中旬。

凡中华人民共和国公民，遵纪守法并具备以下条件之一者，均可申请参加全国监理工程师执业资格考试：

① 工程技术或工程经济专业大专（含大专）以上学历，按照国家有关规定，取得工程技术或工程经济专业中级职务，并任职满 3 年；

② 按照国家有关规定取得工程技术或工程经济专业高级职务；

③ 1970 年（含 1970 年）以前工程技术或工程经济专业中专毕业，按照国家有关规定取得工程技术或工程经济专业中级职务，并任职满 3 年。

考试设《建设工程监理基本理论与相关法规》《建设工程合同管理》《建设工程质量、投资、进度控制》《建设工程监理案例分析》共 4 个科目。考试合格者，由各省、自治区、直辖市人事（职改）部门颁发，人力资源和社会保障部统一印制，人力资源和社会保障部、住房和城乡建设部用印的《中华人民共和国监理工程师执业资格证书》。

针对通信建设领域，通信建设监理工程师的资格考试可根据《工业和信息化部行政许可实施办法》（工业和信息化部 2 号部令）的要求，申请人员通过各省通信管理局组织的资格考试，并受聘于相关通信监理企业，方能申请通信建设监理工程师执业资格，并取得《监理工程师执业资格证书》。

2. 监理工程师注册

监理工程师实行注册执业管理制度。取得资格证书的人员经过注册方能以注册监理工程师的名义执业，并取得《监理工程师注册证书》。

按照国家有关规定，监理工程师依据其所学专业、工作经历、工程业绩，按专业注册。每人最多可以申请两个注册专业。监理工程师的注册分为初始注册、延续注册和变更注册 3 种形式。

（1）初始注册

经考试合格，取得《监理工程师执业资格证书》的，可以申请监理工程师初始注册。

① 申请初始注册时，应当具备以下条件：

a. 经全国注册监理工程师执业资格统一考试合格，取得资格证书；

b. 受聘于一个相关单位；

c. 达到继续教育要求。

② 申请监理工程师初始注册时，一般要提供下列材料：

a. 监理工程师注册申请表；

b. 申请人的资格证书和身份证复印件；

c. 申请人与聘用单位签订的聘用劳动合同复印件及社会保险机构出具的参加社会保险的清单复印件；

d. 学历或学位证书、职称证书复印件，与申请注册相关的工程技术、工程管理工作经历和工程业绩证明；

e. 逾期初始注册的，应提交达到继续教育要求的证明材料。

③ 申请初始注册的程序是：

a. 申请人向聘用单位提出申请；

b. 聘用单位同意后，连同上述材料由聘用企业向所在省、自治区、直辖市人民政府建设行政主管部门提出申请；

c. 省、自治区、直辖市人民政府建设行政主管部门初审合格后，报国务院建设行政主管部门；

d. 国务院建设行政主管部门对初审意见进行审核，对符合条件者准予注册，并颁发国务院建设行政主管部门统一印制的《监理工程师注册证书》和执业印章。执业印章由监理工程师本人保管。

国务院建设行政主管部门对监理工程师初始注册随时受理审批，并实行公示、公告制度，对符合注册条件的进行网上公示，经公示未提出异议的予以批准确认。

（2）延续注册

监理工程师初始注册有效期为 3 年，注册有效期满要求继续执业的，需办理延续注册。延续注册应提交下列材料：

① 申请人延续注册申请表；

② 申请人与聘用单位签订的聘用劳动合同复印件及社会保险机构出具的参加社会保险的清单复印件；

③ 申请人注册有效期内达到继续教育要求的证明材料。

延续注册的有效期同样为 3 年，从准予续期注册之日起计算。国务院建设行政主管部门定期向社会公告准予延续注册的人员名单。

（3）变更注册

监理工程师注册后，如果注册内容发生变更，如变更执业单位、注册专业等，应当向原注册机构办理变更注册。

① 申请人变更注册申请表；

② 提供申请人与聘用单位签订的聘用劳动合同复印件及社会保险机构出具的参加社会保险的清单复印件；

③ 提供申请人的工作调动证明（与原聘用单位解除聘用劳动合同或者聘用劳动合同到期的证明文件、退休人员的退休证明）；

④ 在注册有效期内或有效期届满变更注册专业的，应提供与申请注册专业相关的工程技术、工程管理工作经历和工程业绩证明，以及满足相应专业继续教育要求的证明材料；

⑤ 在注册有效期内因所在聘用单位名称发生变更的，应提供聘用单位新名称的营业执照复印件。

3. 监理工程师的继续教育

注册监理工程师每年都要接受一定学时的继续教育。通过继续教育使注册监理工程师及时掌握与工程监理有关的政策、法律法规和标准规范，熟悉工程监理与工程项目管理的新理论、新方法，了解工程建设新技术、新材料、新设备及新工艺，适时更新业务知识，不断提高注册监理工程师业务素质和执业水平，以适应开展工程监理业务和工程监理事业发展的需要。

继续教育作为注册监理工程师初始注册、延续注册和重新申请注册的条件之一。注册监理工程师在每一注册有效期（3 年）内应接受 96 学时的继续教育，其中必修课和选修课各为 48 学时。必修课 48 学时每年可安排 16 学时。选修课 48 学时按注册专业安排学时，只注册一个专业的，每年接受该注册专业选修课 16 学时的继续教育；注册两个专业的，每年接受相应两个注册专业选修课各 8 学时的继续教育。

继续教育的方式有集中面授和网络教学两种，继续教育的内容分必修课和选修课两种。

1.3 通信工程监理企业的资质及管理

1.3.1 工程监理企业概述

工程监理企业是指从事工程监理业务并取得工程监理企业资质证书的经济组织，是监理工程师的执业机构。

1. 工程监理企业类型

我国目前的工程监理企业主要有两种类型：监理有限责任公司和监理股份有限公司。

（1）监理有限责任公司

监理有限责任公司是指 50 人以下股东共同出资，股东以其所认购的出资额对公司承担有限责任，公司以其全部资产对其债务承担责任的企业。

（2）监理股份有限公司

监理股份有限公司是指全部资本由等额股份构成，并通过发行股票筹集资本，股东以其所认购股份对公司承担责任，公司以其全部资产对公司债务承担责任的企业法人。

设立监理股份有限公司可以采取发起设立或者募集设立方式。发起设立是指由发起人认购公司应发行的全部股份而设立公司；募集设立是指由发起人认购公司应发行股份的一部分，其余部分由社会公开募集而设立公司。除了以上两种公司制监理企业外，还有中外合资经营监理企业与中外合作经营监理企业等补充形式。

2. 工程监理企业经营活动基本准则

工程监理企业从事建设工程监理活动，应当遵循"守法、诚信、公正、科学"的准则。

（1）守法

守法，即遵守国家的法律法规。对于工程监理企业来说，守法即是要依法经营，主要体现在：

① 工程监理企业只能在核定的业务范围内开展经营活动。

工程监理企业的业务范围是指填写在资质证书中、经工程监理资质管理部门审查确认的主项资质和增项资质。核定的业务范围包括两个方面：一是监理业务的工程类别；二是承接监理工程的等级。

② 工程监理企业不得伪造、涂改、出租、出借、转让、出卖《资质等级证书》。

③ 建设工程监理合同一经双方签订，即具有法律约束力，工程监理企业应按照合同的约定认真履行，不得无故或故意违背自己的承诺。

④ 工程监理企业离开原住所地承接监理业务，要自觉遵守当地人民政府颁发的监理法规和有关规定，主动向监理工程所在地的省、自治区、直辖市建设行政主管部门备案登记，接受其指导和监督管理。

⑤ 遵守国家关于企业法人的其他法律、法规的规定。

（2）诚信

诚信，即诚实、守信用。这是道德规范在市场经济中的体现。它要求一切市场参加者在不损害他人利益和社会公共利益的前提下追求自己的利益，目的是在当事人之间的利益关系和当事人与社会之间的利益关系中实现平衡，并维护市场道德秩序。

（3）公正

公正，是指工程监理企业在监理活动中既要维护业主的利益，又不能损害承包商的合法利益，并依据合同公平合理地处理业主与承包商之间的争议。

工程监理企业要做到公正，必须做到以下几点：

① 要具有良好的职业道德；

② 要坚持实事求是；

③ 要熟悉有关建设工程合同条款；

④ 要提高专业技术能力；

⑤ 要提高综合分析与判断问题的能力。

（4）科学

科学，是指工程监理企业要依据科学的方案，运用科学的手段，采取科学的方法开展监理工作。工程监理工作结束后，还要进行科学的总结。实施科学化管理主要体现在：

① 科学的方案。工程监理的方案主要是指监理规划。其内容包括：工程监理的组织计划；监理工作的程序；各专业、各阶段监理的工作内容；工程的关键部位或可能出现的重大问题的监理措施等。在实施监理前，要尽可能准确地预测出各种可能的问题，有针对性地拟定解决办法，制定出切实可行、行之有效的监理实施细则，使各项监理活动都纳入计划管理的轨道。

② 科学的手段。实施工程监理必须借助先进的科学仪器才能做好监理工作，如各种检测、试验、化验仪器，摄录像设备及计算机等。

③ 科学的方法。监理工作的科学方法主要体现在监理人员在掌握大量的、确凿的有关监理对象及其外部环境实际情况的基础上，适时、妥帖、有效地处理有关问题，解决问题要用事实说话；用书面文字说话，用数据说话；要开发、利用计算机软件辅助工程监理。

3. 监理业务的获取及监理费的计算

（1）获取监理业务的方式

工程监理企业承揽监理业务有两种形式：一是通过投标竞争取得监理业务；二是由业主直接委托取得监理业务。通过投标取得监理业务是市场经济体制下比较普遍的形式。我国《招标投标法》明确规定，关系公共利益安全、政府投资、外资工程等实行监理必须招标。在不宜公开招标的机密工程或没有招标竞争对手的情况下，或者工程规模比较小、比较单一的监理业务，或者对原工程监理企业的续用等情况下，业主也可以直接委托工程监理企业。

（2）监理费的计算方法

监理费的计算方法一般由业主与工程监理企业协商确定。监理费的计算方法主要有：

① 按建设工程投资的百分比计算法。这种方法是按照工程规模大小和所委托的监理工作的繁简，以建设投资的一定百分比来计算。这种方法比较简便，颇受业主和监理企业双方的欢迎，也是国家制定监理取费标准的主要形式。采用这种方法的关键是确定计算监理费的基数。新建、改建、扩建工程及较大型的技术改造工程所编制的工程概（预）算就是初始计算监理费的基数。工程结算时，再按实际工程投资进行调整。当然，作为计算监理费基数的工程概（预）算仅限于委托监理的工程部分。

② 工资加一定比例的其他费用计算法。这种方法是以项目监理机构监理人员的实际工资为基数乘上一个系数计算出来的。这个系数包括了应有的间接成本和税金、利润等。除了监理人员的工资之外，其他各项直接费用等均由项目业主另行支付。一般情况下，较少采用这种方法，尤其是在核定监理人员数量和监理人员的实际工资方面，业主与工程监理企业之间难以取得完全一致

的意见。

③ 按时计算法。这种方法是根据委托监理合同约定的服务时间（计算时间的单位可以是小时，也可以是工作日或月），按照单位时间监理服务费来计算监理费的总额。单位时间的补偿费用一般是以工程监理企业员工的基本工资为基础，加上一定的管理费和利润（税前利润）。采用这种方法时，监理人员的差旅费、工作函电费、资料费以及试验和检验费、交通和住宿费等均由业主另行支付。

这种计算方法主要适用于临时性的、短期的监理业务活动，或者不宜按工程的概（预）算的百分比等其他方法计算监理费时使用。由于这种方法在一定程度上限制了工程监理企业潜在效益的增加，因而单位时间内监理费的标准比工程监理企业内部实际的标准要高得多。

④ 固定价格计算法。这种方法是指在明确监理工作内容的基础上，业主与监理企业协商一致确定的固定监理费，或监理企业在投标中以固定价格报价并中标而形成的监理合同价格。当工作量有所增减时，一般也不调整监理费。这种方法适用于监理内容比较明确的中小型工程监理费的计算，业主和工程监理企业都不会承担较大的风险。如住宅工程的监理费可以按照单位建筑面积的监理费乘以建筑面积确定监理总价。

1.3.2 通信工程监理企业资质

通信建设监理企业资质是指对该企业从事通信工程建设监理业务应当具备的组织机构和规模、人员组成、人员素质、资金数量、固定资产、专业技能、管理水平以及监理业绩等的综合评定。对工程监理企业进行资质管理的制度是政府实行市场准入控制的有效手段。

凡属中央管理的企业申请通信建设监理企业资质证书的，将申报材料报工业与信息化部综合规划司，综合规划司组织专家对企业的申请材料进行审查。非中央管理企业申请通信建设监理企业资质证书的，将申报材料报所在省、自治区、直辖市通信管理局，省、自治区、直辖市通信管理局组织专家对申报材料进行审查。部综合规划司根据申请材料，对人员素质、专业技能、管理水平、资金数量、固定资产以及实际业绩进行综合评价，经审查符合资质等级条件的，发给相应的《通信建设监理企业资质证书》。《通信建设监理企业资质证书》由工业与信息化部统一印制。《通信建设监理企业资质管理办法》将通信工程建设监理企业的资质等级分为甲级、乙级和丙级，并按工程性质和技术特点分为若干工程类别，标准如下。

1. 甲级监理

① 主要领导资历：企业负责人应具有高级职称，且具有从事通信工程的设计、施工或建设管理经验，并取得通信建设监理工程师资格；技术负责人应具有高级技术职称，且具有从事通信工程的设计、施工、建设管理或监理 8 年以上经历，并取得通信建设监理工程师资格。以上人员均要求年龄不超过 60 岁。

② 技术力量：各类专业技术人员配置合理，已取得通信建设监理工程师资格证书的各类专业技术人员与管理人员不少于 60 人（不包括聘用期 1 年以下人员以及年龄 65 岁以上人员），其中高级技术职称人员不少于 12 人，高级经济师、高级会计师不少于 3 人。

③ 技术装备：拥有承担相应工程的检查、测量仪器、设备和交通工具。有固定的与人员规模相适应的工作场所。

④ 注册资金：注册资金不少于人民币 200 万元。

⑤ 业绩和能力：监理过 3 个以上一类通信建设项目或 6 个以上二类通信建设项目，经验收质量合

格。且具有同时承担两个一类通信建设工程项目的能力。

2. 乙级监理

① 主要领导资历：企业负责人应具有高级职称，且具有从事通信工程的设计、施工或建设管理经验，并取得通信建设监理工程师资格。技术负责人应具有高级技术职称，且具有从事通信工程的设计、施工、建设管理或监理 5 年以上经历，并取得通信建设监理工程师资格。以上人员均要求年龄不超过60 岁。

② 技术力量：各类专业技术人员配置合理，已取得通信建设监理工程师资格证书的各类专业技术人员不少于 40 人（不包括聘用期 1 年以下人员以及年龄 65 岁以上人员），其中高级技术职称人员不少于 8 人，经济师、会计师不少于 3 人。

③ 技术装备：拥有承担相应通信建设工程的检查、测量仪器、设备和交通工具。有固定的与人员规模相适应的工作场所。

④ 注册资金：注册资金不少于人民币 100 万元。

⑤ 业绩与能力：监理过 3 个以上二类通信建设项目或 6 个以上三类通信建设项目，经验收质量合格。且具有同时承担 2 个二类通信建设工程项目的能力。

3. 丙级监理

① 主要领导资历：企业负责人应具有中级职称，且具有从事通信工程的设计、施工或建设管理经验，并取得通信监理工程师资格；技术负责人应具有中级专业技术职称，且从事通信工程的设计、施工、建设管理或监理 3 年以上经历，并取得通信监理工程师资格。以上人员均要求年龄不超过 60 岁。

② 技术力量：各类专业技术人员配置合理，已取得通信建设监理工程师资格证书的各类专业技术人员不少于 25 人（不包括聘用期一年以下人员以及年龄超过 65 岁以上人员），其中高级技术职称人员不少于 2 人，经济师、会计师不少于 2 人。

③ 技术装备：拥有承担相应工程的检查、测量仪器、设备和交通工具。有固定的与人员规模相适应的工作场所。

④ 注册资金：注册资金不少于人民币 50 万元。

⑤ 业绩与能力：监理过 3 个以上三类通信建设项目，质量合格。且具有同时承担两个三类通信工程的能力。

1.3.3　通信工程监理企业管理

1. 年检制度

通信建设监理企业的资质实行年检制度，每年进行一次年检。中央管理企业的年检工作由工业和信息化部负责；非中央管理企业的，甲级资质由所在省、自治区、直辖市通信管理局初审，报工业和信息化部年检，乙级、丙级资质由所在省、自治区、直辖市通信管理局负责年检，报工业与信息化部综合规划司备案。

2. 按资质等级承接业务

各类监理企业按核定的资质等级承接业务。甲级工程建设监理企业可以监理经核定的工程类别中一、二、三等工程；乙级工程建设监理企业可以监理经核定的工程类别中二、三等工程；丙级工程建设监理企业可以监理经核定的工程类别中三等工程。

3. 监理企业违规处理

① 监理企业必须在资质等级规定批准的业务范围内执业，禁止监理企业转让监理业务，禁止监理企业超越本企业监理等级许可的范围或者以其他监理单位的名义承担监理业务。违反规定的，由工业和信息化部或通信管理局责令其改正；并视情节轻重，收回资质证书 3 至 6 个月，并将违法行为记录在案，作为年检的重要依据；对再次转让监理业务、越级或超范围承接监理业务的，降低资质等级或收回资质证书。

② 监理企业不得转让、出借资质证书或允许他人以本企业名义承接业务。对违反规定的，由工业和信息化部或通信管理局责令其改正，视情节轻重，收回资质证书 3 至 6 个月，并将违法行为记录在案，作为年检的重要依据。

③ 企业不履行监理职责，未及时制止施工单位不按照工程设计图纸和施工技术标准施工，由工业和信息化部或通信管理局责令其改正；造成损失的，监理企业按照国家有关规定承担相应的法律责任。对于与施工单位串通，不按照工程设计图纸和施工技术标准施工的，除依照上述规定处理外，由工业和信息化部或通信管理局降低资质等级，两年内不得升级；造成重大事故的，收回资质证书。

④ 监理企业与建设或施工单位串通，弄虚作假，在工程上使用不符合设计要求和强制性技术标准的材料、构配件和设备，降低工程质量的，由工业和信息化部或通信管理局责令改正，视情节轻重，收回资质证书 3 至 6 个月，或降低资质等级或收回资质证书。

4. 监理企业承接业务注意事项

① 严格遵守国家的法律、法规及有关规定，遵守监理行业职业道德，不参与恶性压价竞争活动，严格履行委托监理合同。

② 严格按照批准的经营范围承接监理业务，在特殊情况下，承接经营范围以外的监理业务时，需向资质管理部门申请批准。

③ 承揽监理业务的总量要视本单位的力量而定，不得在与业主签订监理合同后，把监理业务转包给其他工程监理企业，或允许其他企业、个人以本监理企业的名义挂靠承揽监理业务。

④ 对于监理风险较大的建设工程，可以联合几家工程监理企业组成联合体共同承担监理业务，以分担风险。

本章小结

本章主要从通信工程监理制度产生的背景、通信工程监理企业的资质管理及通信工程监理人员资质及职责要求 3 个维度阐述通信工程监理的基本概念。

工程监理是指具有相应资质的工程监理企业接受建设单位的委托，承担其项目管理工作，并代表建设单位对承建单位的建设行为进行监控的专业化服务活动。具有服务性、科学性、独立性和公正性。

根据《建设工程建设监理范围和规模标准规定》，国家重点建设工程、大中型项目等必须实行工程监理，其业务范围涉及投资决策阶段和实施阶段，目前重点在工程实施阶段进行监理。监理人员必须了解我国建设工程法律体系，熟悉和掌握其中与监理工作关系密切的法律、行政法规、部门规章、标准和规范文件。

我国的监理工程师实施注册执业管理制度，对各种监理人员提出了具体的资质要求，同时也明确了各类人员的工作职责和道德规范准则。监理企业也实行严格的资质管理，通信监理公司分为甲、乙、丙三类资质，监理企业必须在资质等级规定批准的业务范围内合法执业。

思考题

1. 工程监理的定义是什么？
2. 工程监理的性质和作用有哪些？
3. 通信工程监理的主要内容有哪些？
4. 我国建设工程法律法规体系包括哪几部分？
5. 专业监理工程师有哪些职责？监理员有哪些职责？
6. 如何成为注册监理工程师？
7. 监理费有哪几种计算方式？
8. 监理企业经营活动准则有哪些？

第2章

通信工程监理实施模式

本章提要

本章介绍了工程监理实施模式。通过对本章的学习，读者应了解监理组织机构建立的意义及主要形式，了解监理组织机构建立的必要条件，了解工程组织模式及对应监理模式；熟悉通信工程监理实施的程序及具体监理流程，掌握监理规划、细则、大纲等主要监理文档的作用。

2.1 监理组织机构

2.1.1 监理组织机构的设置原则

工程监理企业与建设单位签订监理委托合同后，需要为建设单位的项目建设活动进行咨询和顾问，并负责管理为实施项目建设所签订的各类合同履行过程，为此需要成立相应的项目监理组织机构。项目监理组织机构的建立应遵循下列原则。

1. 目的性原则

施工项目组织机构设置的根本目的是为了产生组织功能，实现施工项目管理的总目标。从这一根本目标出发，就会因目标设事，因事设机构定编制，按编制设岗位定人员，以职责定制度授权力。

2. 精干高效原则

施工项目组织机构的人员设置以能实现施工项目所要求的工作任务为原则，尽量简化机构，做到精干高效。人员配置要从严控制二三线人员，力求一专多能，一人多职。同时还要增加项目管理班子人员的知识含量，着眼于使用和学习锻炼相结合，以提高人员素质。

3. 管理跨度和分层统一的原则

管理跨度亦称管理幅度，是指一个主管人员直接管理的下属人员数量。设置监理组织机构时，若下级监理人员能力强、经验丰富，上下级沟通程度强，有关指示、命令、请示能及时传达疏通时，其管理跨度可大些，反之要小些。组织机构设计时，必须使管理跨度适当。合理的分层可以减少管理跨度，以集中精力于施工管理。

4. 业务系统化管理原则

由于施工项目是一个开放的系统，由众多子系统组成一个大系统，各子系统之间，子系统内部各单位工程之间，不同组织、工种、工序之间，均存在着大量结合部，这就要求项目组织也必须是一个完整的组织结构系统，恰当分层和设置部门，以便在结合部上能形成一个相互制约、相互联系的有机整体，防止产生职能分工、权限划分和信息沟通上的相互矛盾或重叠的问题。要求在设置组织机构时，以业务工作系统化原则作指导，周密考虑层间关系、分层与跨度关系、部门划分、授权范围、人员配备及信息沟通等；使组织机构自身成为一个严密的、封闭的组织系统，能够为完成项目管理总目标而实行合理分工及协作。

5. 弹性和流动性原则

工程建设项目的单件性、阶段性、露天性和流动性是施工项目生产活动的主要特点，必然带来生产对象数量、质量和地点的变化，带来资源配置的品种和数量变化。于是要求管理工作和组织机构随之进行调整，以使组织机构适应施工任务的变化。

6. 项目组织与企业组织一体化原则

项目组织是企业组织的有机组成部分，企业是它的母体，归根结底，项目组织是由企业组建的。从管理方面来看，企业是项目管理的外部环境，项目管理的人员全部来自企业，项目管理组织解体后，其人员仍回企业。即使进行组织机构调整，人员也是进出于企业人才市场的。施工项目的组织形式与企业的组织形式有关，不能离开企业的组织形式去谈项目的组织形式。

2.1.2　监理组织机构的形式

根据工程项目的大小和工程性质的不同，项目监理机构可以采用不同的管理组织结构。常用的项目监理机构组织形式有以下几种。

1. 直线制监理组织形式

这种组织形式的特点是实行垂直控制。组织机构简单，隶属关系明确，各部门主管人员只对所属上级部门负责。项目监理机构可以按照子项目、工程建设阶段或专业划分为不同的监理组进行垂直管理，不再另设职能部门。一般适用于能进一步划分为相对独立的子项目的大中型建设工程。直线制监理组织形式如图 2-1 所示。

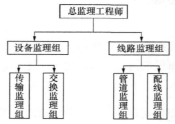

图 2-1　直线制监理组织形式

2. 职能制监理组织形式

项目监理机构设立相关专业部门和职能部门,按照总监理工程师的授权,职能部门对专业部门下达指令,并进行专项管理,以提高管理效率。此组织形式的缺点是一个专业部门需面对几个职能部门,有时会无所适从。职能制监理组织形式如图 2-2 所示。

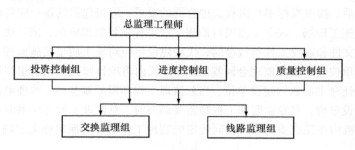

图 2-2　职能制监理组织形式

3. 直线职能制监理组织形式

直线职能制监理组织形式是吸收直线制和职能制监理组织的优点而形成的一种组织形式。专业指挥部门拥有对下级进行指挥和发布指令的权力,并对该部门的工作全面负责;职能部门作为指挥人员的参谋,只能对指挥部门进行业务指导,不能对指挥部门直接进行指挥和发布命令。直线职能制监理组织形式如图 2-3 所示。

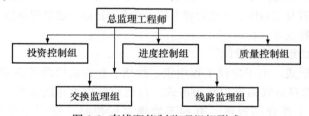

图 2-3　直线职能制监理组织形式

这种形式保持了直线制组织实行直线领导、统一指挥、职责清楚的特点,另一方面又保持了职能制组织目标管理专业化的优点。其缺点是职能部门与指挥部门容易产生矛盾,信息传递线路长,不利于互通情报。

4. 矩阵制监理组织形式

矩阵制监理组织形式由纵横两套管理系统组成:一套是纵向的职能系统;另一套是横向的子项目系统。该形式加强了各职能部门之间的横向联系,具有较大的机动性和适应性。把上下左右集权与分权实行最优的结合,有利于解决复杂问题。但是纵横向协调工作量大,处理不当会造成扯皮现象,产生矛盾。矩阵制监理组织形式如图 2-4 所示。

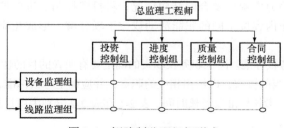

图 2-4　矩阵制监理组织形式

2.1.3 监理组织机构的建立

1. 建立监理组织机构的步骤

监理合同签定后，按照投标书承诺和监理合同的要求，应当选派具备相应资格的总监理工程师和监理工程师进驻施工现场，成立工程项目监理部或工程项目监理组织，依照法律、法规以及有关的技术标准、设计文件和建设工程承包合同，代表建设单位对施工质量实施监理，并对施工质量承担监理责任。监理单位应于委托监理合同签定后 10 天内将项目监理机构的组织形式、人员构成及对总监理工程师的任命书面通知建设单位。当总监理工程师需要调整时，监理单位应征得建设单位同意并书面通知建设单位；当专业监理工程师需要调整时，总监理工程师应书面通知建设单位和承包单位。项目监理机构在完成委托监理合同约定的监理工作后方可撤离施工现场。建立监理组织机构的步骤如下。

（1）确定项目监理机构目标

建设工程监理目标是项目监理机构建立的前提，项目监理机构的建立应根据委托监则合同中确定的监理目标，制定总目标并明确划分监理机构的分解目标。

（2）确定监理工作内容

根据监理目标和委托监理合同中规定的监理任务，明确列出监理工作内容，并进行分类归并及组合。监理工作的归并及组合应便于监理目标控制，并综合考虑监理工程的组织管理模式、工程结构特点、合同工期要求、工程复杂程度、工程管理及技术特点；还应考虑监理单位自身组织管理水平、监理人员数量、技术业务特点等。

（3）项目监理机构的组织结构设计

① 选择组织结构形式。由于建设工程规模、性质、建设阶段等的不同，在设计项目监理机构的组织结构时，应选择适宜的组织结构形式，以适应监理工作的需要。组织结构形式选择的基本原则是：有利于工程合同管理，有利于监理目标控制，有利于决策指挥，有利于信息沟通。

② 确定管理层次和管理跨度。项目监理机构中一般应有 3 个层次：a. 决策层。由总监理工程师和其他助手组成，主要根据建设工程委托监理合同的要求和监理活动的内容，进行科学化、程序化决策与管理；b. 中间控制层（协凋层和执行层）。由各专业监理工程师组成，具体负责监理规划的落实、监理目标控制及合同实施的管理；c. 作业层（操作层）。主要由监理员、检查员等组成，具体负责监理活动的操作实施。项目监理机构中管理跨度的确定应考虑监理人员的素质、管理活动的复杂性和相似性、监理业务的标准化程度、各项规章制度的建立健全情况、建设工程的集中或分散情况等，按监理工作实际需要确定。

③ 划分项目监理机构部门。项目监理机构中合理划分各职能部门，应依据监理机构目标、监理机构可利用的人力和物力资源以及合同结构情况，将投资控制、进度控制、质量控制、合同管理、组织协调等监理工作内容按不同的职能活动或按子项分解，形成相应的职能管理部门或子项目管理部门。

④ 制定岗位职责和考核标准。岗位职务及职责的确定要有明确的目的性，不可因人设事。根据责权一致的原则，应进行适当的授权，以承担相应的职责；并应确定考核标准，对监理人员的工作进行定期考核，包括考核内容、考核标准及考核时间。表 2-1 和表 2-2 分别为项目总监理工程师和专业监理工程师岗位职责考核标准。

表 2-1 　　　　　　　　　　　　**项目总监理工程师岗位职责考核标准**

项　目	职责内容	考核要求	
		标　准	时　间
工作目标	1.投资控制	符合投资控制计划目标	每月（季）末
	2.进度控制	符合合同工期及总进度控制计划目标	每月（季）末
	3.质量控制	符合质量控制计划目标	工程各阶段末
基本职责	1.根据监理合同，监理和有效管理项目监理机构	1.监理组织机构科学合理 2.监理结构有效运行	每月（季）末
	2.主持编写与组织实施监理规划；审批监理实施细则	1.对工程监理工作系统策划 2.监理实施细则符合监理规划要求，具有可操作性	编写和审核完成后
	3.审查分包单位资质	符合合同要求	规定时限内
	4.监督和指导专业监理工程师对投资、控制、质量进行监理；审核、签发有关文件资料；处理有关事项	1.监理工作处于正常工作状态 2.工程处于受控状态	每月（季）末
	5.做好监理过程中有关各方的协调工作	工程处于受控状态	每月（季）末
	6.主持整理建设工程的监理资料	及时、准确、完整	按合同约定

表 2-2 　　　　　　　　　　　　**专业监理工程师岗位职责考核标准**

项　目	职责内容	考核要求	
		标　准	时　间
工作目标	1.投资控制	符合投资控制分解目标	每月（季）末
	2.进度控制	符合合同工期及总进度控制分解目标	每月（季）末
	3.质量控制	符合质量控制分解目标	工程各阶段末
基本职责	1.熟悉工程情况，制定本专业监理工作计划和监理实施细则	反映专业特点，具有可操作性	实施前一个月
	2.具有负责本专业的监理工作	1.工程监理工作有序 2.工程处于受控状态	每周（月）末
	3.做好监理机构内各部门之间的监理任务的衔接，配合工作	监理工作各负其责，相互配合	每周（月）末
	4.处理与本专业有关的问题；对投资、进度、质量有重大影响的监理问题应及时报告总监	1.工程处于受控状态 2.及时、真实	每周（月）末
	5.负责与本专业有关的签证、通知、备忘录，及时向总监理工程师提交报告、报表资料等	及时、真实、准确	每周（月）末
	6.管理本专业建设工程的监理资料	及时、准确、完整	每周（月）末

⑤ 安排监理人员。根据监理工作的任务，确定监理人员的合理分工，包括专业监理工程师和监理员，必要时可配备总监理工程师代表。监理人员的安排除应考虑个人素质外，还应考虑人员总体构成的合理性与协调性。并且项目监理机构的监理人员应配套专业、数量满足建设工程监理工作的需要。

（4）制定工作流程和信息流程

为使监理工作科学、有序地进行，应按监理工作的客观规律制定工作流程和信息流程，规范化地开展监理工作。

2. 工程项目监理机构的人员组成

① 总监理工程师：是监理单位法人任命的项目监理机构的负责人，是监理单位履行委托监理合同的全权代表。总监理工程师必须持有通信行业专业工程师资格证书、通信行业监理工程师资格证书和岗位证书，具有 3 年以上同类工程建设监理工作经验。

② 总监理工程师代表：可根据需要设定，由总监理工程师任命并授权，行使总监理工程师授予的权力，从事总监理工程师指定的工作。总监理工程师代表必须持有通信行业专业工程师资格证书、通信行业监理工程师资格证书和岗位证书，具有 2 年以上同类工程建设监理工作经验。

③ 专业监理工程师：是项目监理机构的一种岗位设置，上岗人员必须持有通信行业监理工程师资格证书和岗位证书，具有相应的通信专业工程师证书和 1 年以上同类工程建设监理工作经验。

④ 监理员：从事建设工程建设监理工作，但未取得"监理工程师注册证书"的人员统称为监理员。监理员必须持有通信行业监理培训合格证书，且具有所监理专业的技术员以上资格证，主要从事具体的监理业务操作。

⑤ 资料员：属于项目监理机构的行政辅助人员，必须具有计算机操作能力，懂得使用计算机管理监理工作的基本知识。

⑥ 技术顾问：是项目监理机构需要时外聘的专业技术人员，应具有通信行业高级工程师资格，具有丰富的工程技术经验和掌握全程全网的通信技术。

3. 项目监理机构的设施配置

项目监理机构在现场实施对工程的项目监理，需要配备相关的设施，以利于监理工作的开展。建设单位应提供委托监理合同约定的满足监理工作需要的办公、交通、通信、生活设施条件。

2.2 工程组织模式及监理模式

工程组织模式包括平行承发包模式、设计或施工总分包模式、工程项目总承包模式以及工程项目总承包管理模式，不同的组织模式对应的监理模式也不同。

2.2.1 平行承发包模式与监理模式

1. 平行承发包模式

平行承发包是指业主将建设工程的设计、施工以及材料设备采购的任务经过分解，分别发包给若干个设计单位、施工单位和材料设备供应单位，并分别与各方签订合同。各设计单位之间的关系是平行的，各施工单位之间的关系也是平行的，各材料设备供应单位之间的关系也是平行的。

2. 平行承发包模式条件下的监理委托模式

与建设工程平行承发包模式相适应的监理委托模式有以下两种主要形式：

（1）业主委托 1 家监理单位监理

业主只委托 1 家监理单位为其提供监理服务。这种监理委托模式要求被委托的监理单位应该具有较强的合同管理与组织协调能力，并能做好全面规划工作。

（2）业主委托多家监理单位监理

业主委托多家监理单位为其进行监理服务。采用这种模式，业主分别委托几家监理单位针对不同的承建单位实施监理。

2.2.2　设计或施工总分包模式与监理模式

1. 设计或施工总分包模式

设计或施工总分包是指业主将全部设计或施工任务发包给一个设计单位或一个施工单位作为总包单位，总包单位可以将其部分任务再分包给其他承包单位，形成一个设计总包合同或一个施工总包合同以及若干个分包合同的结构模式。

2. 设计或施工总分包模式条件下的监理委托模式

对设计或施工总分包模式，业主可以委托 1 家监理单位进行实施阶段全过程的监理，也可以分别按照设计阶段和施工阶段分别委托监理单位。前者的优点是监理单位可以对设计阶段和施工阶段的工程投资、进度、质量控制统筹考虑，合理进行总体规划协调，更可使监理工程师掌握设计思路与设计意图，有利于施工阶段的监理工作。

2.2.3　工程项目总承包模式与监理模式

1. 工程项目总承包模式

项目总承包模式是指业主将工程设计、施工、材料和设备采购等工作全部发包给一家承包公司，由其进行实质性设计、施工和采购工作，最后向业主交出一个已达到动用条件的工程。按这种模式发包的工程也称"交钥匙工程"。

2. 项目总承包模式条件下的监理模式

在项目总承包模式下，一般宜委托 1 家监理单位进行监理。在这种模式下，监理工程师需具备较全面的知识，做好合同管理工作。

2.2.4 工程项目总承包管理模式与监理模式

1. 工程项目总承包管理模式

工程项目总承包管理是指业主将工程建设任务发包给专门从事项目组织管理的单位，再由它分包给若干设计、施工和材料设备供应单位，并在实施中进行项目管理。项目总承包管理单位不直接进行设计与施工，没有自己的设计和施工力量。项目总承包管理单位是纯管理公司，主要是经营项目管理，本身不承担任何设计和施工任务。这类承包管理是站在项目总承包立场上的项目管理，而不是站在业主立场上的"监理"，业主还需要有自己的项目管理，以监督总承包单位的工作。

2. 项目总承包管理模式条件下的监理模式

在项目总承包管理模式下，一般宜委托一家监理单位进行监理，这样便于监理工程师对项目总承包管理合同和项目总承包管理单位进行分包等活动的管理。

2.3   工程监理总体流程及实施工作

2.3.1   总体流程

1. 确定项目总监理工程师，成立项目监理机构

监理单位应根据建设工程的规模、性质、业主对监理的要求，委派称职的人员担任项目总监理工程师，代表监理单位全面负责该工程的监理工作。

一般情况下，监理单位在承接工程监理任务时，在参与工程监理的投标、拟定监理方案（大纲）以及与业主商签委托监理合同时，即应选派称职的人员主持该项工作。在监理任务确定并签定委托监理合同后，该主持人即可作为项目总监理工程师。这样，项目的总监理工程师在承接任务阶段即早已介入，从而更能了解业主的建设意图和对监理工作的要求，并与后续工作能更好地衔接。总监理工程师是一个建设工程监理工作的总负责人，他对内向监理单位负责，对外向业主负责。

监理机构的人员构成是监理投标书中的重要内容，是业主在评标过程中认可的，总监理工程师在组建项目监理机构时，应根据监理大纲内容和签定的委托监理合同内容组建，并在监理规划和具体实施计划执行中进行及时的调整。

2. 编制建设工程监理规划

建设工程监理规划是开展工程监理活动的纲领性文件。

3. 制定各专业监理实施细则

在监理规划的指导下，为具体指导投资控制、质量控制、进度控制的进行，还需要结合建设工程实际情况，制定各专业的实施细则。

4. 规范化地开展监理工作

监理工作的规范化体现在以下几个方面：

① 工作的时序性。这是指监理的各项工作都应按一定的逻辑顺序先后展开，从而使监理工作能有效地达到目标，而不致造成工作状态的无序和混乱。

② 职责分工的严密性。建设工程监理工作是由不同专业、不同层次的专家群体共同来完成的，他们之间严密的职责分工是协调进行监理工作的前提和实现监理目标的重要保证。

③ 工作目标的确定性。在职责分工的基础上，每一项监理工作的具体目标都应是确定的，完成的时间也应有时限规定，从而能通过报表资料对监理工作及其效果进行检查和考核。

5. 参与验收，签署建设工程监理意见

建设工程施工完成以后，监理单位应在正式验交前组织竣工预验收，在预验收中发现的问题，应及时与施工单位沟通，提出整改要求。监理单位应参加业主组织的工程竣工验收，签署监理单位意见。

6. 向业主提交建设工程监理档案资料

建设工程监理工作完成后，监理单位向业主提交的监理档案资料应在委托监理合同文件中约定。不管在合同中是否做出明确规定，监理单位提交的资料应符合有关规范规定的要求，一般应包括设计变更、工程变更资料，监理指令性文件，各种签证资料等档案资料。

7. 监理工作总结

监理工作完成后，项目监理机构应及时从两方面进行监理工作总结。其一，是向业主提交的监理工作总结，其主要内容包括：委托监理合同履行情况概述，监理组织机构、监理人员和投入的监理设施，监理任务或监理目标完成情况的评价，工程实施过程中存在的问题和处理情况，由业主提供的供监理活动使用的办公用房、车辆、试验设施等的清单，表明监理工作终结的说明等。其二，是向监理单位提交的监理工作总结，其主要内容包括监理工作的经验、监理工作中存在的问题及改进的建议。

2.3.2　具体实施工作

根据工程项目进展的时间顺序，一个监理项目可以分为施工前期、设计会审、施工准备、施工建设、工程验收、工程结算以及投入试运行及保修等阶段，不同阶段监理的工作重点有所区别，下面我们以一个设备安装工程项目为例，说明监理的具体实施工作。

1. 施工前期监理实施工作

① 组建工程监理项目组。根据工程的招标文件要求，监理企业安排具备丰富经验的总监及监理工程师从事工程的监理工作。总监理工程师对工程进行总体协调和管理，由总监理工程师本人或委托总监理工程师代表负责工程项目所有往来资料和信息的收集、整理和处理，填写《收、发文件记录表》；其他参与项目的监理工程师和监理员协助分管某一地区、局部、局面的现场监理工作以及工程资料、信息收集、整理、处理工作。

② 与业主建立联系和沟通。总监理工程师及总监理工程师代表熟悉任务书或中标书内容及要求，了解工程的来龙去脉。接到任务后，总监理工程师代表项目负责人必须第一时间拜访建设单位，汇报监理方的准备工作，与主管单位、建设单位、分建设单位（工建、维护等部门）进行工程相关资料交底，了解其对工程项目实施的要求。

③ 组织工程项目准备会。

a. 组织相关单位参加项目准备会，落实单位、人员、地点、时间。

b. 组织项目启动会。

c. 做好项目启动会会议纪要，并报建设单位及相关单位，填写工程组织情况表。

④ 了解设计单位工作情况，主动协助设计单位进行查勘或复勘工作，积极跟进工程开展。敦促设计单位按既定数量、时间、单位分发设计文件，必须在会审前跟踪落实好，并将相关情况及时反馈给建设单位。

2. 设计会审阶段监理实施工作

① 主动介入、落实设计单位的设计分发工作，按照分发表确保各单位会审前按时、按量收到设计，并将分发情况汇报建设单位。

② 主动联系各参建单位、分建设单位工程负责人，收集其意见，并将意见书面分类登记，及时反馈给各相关单位，尤其是建设单位。

③ 组织设计文件内审。接到设计文件后，项目负责人组织监理项目部内人员进行设计文件内审，提出自己的专业意见。

④ 组织设计会审。总监理工程师或总监理工程师代表在征询建设单位意见后协助组织设计会审。设计会审时，除落实设计文件问题外，还应了解、落实工程施工前开工条件。

3. 施工准备阶段监理实施工作

① 了解主设备及配套设备、材料到货时间以及到货方式，将分屯表、到货时间分别告知厂家和安装单位、建设单位及建设单位的工程主管、施工单位。

② 要求厂家提供相关货物到货清单，并与合同、设计一起进行核查，将存在问题形成核查书面意见，报送厂家和建设单位，督促厂家完善和改进措施。

③ 通知、落实各地接收人和分屯地点，要求运输到货时间合理，做好交接清点登记手续，落实好搬运费用和二次运输费用。

④ 落实设备、材料到货后的保管问题，做好移交保管登记手续。

⑤ 开工所需文件资料处理。项目负责人审查施工组织方案、技术方案，向承建商提出修改意见，并向建设单位提交书面报告；编制、出版监理规划、监理大纲，并上报建设单位批准；总监签署并经建设单位批准开工报告；总监代表发《安全生产通知》给施工单位签收并督促其仔细学习，落实相关安全措施和安全责任人；收集相关管理合同。

⑥ 组织召开第一次工地例会。项目负责人主持召开工程协调会，与会人包括承包单位、设计单位、厂家、集成商、项目监理机构全体监理人员，并邀请建设单位参加。会议纪要由总监代表负责起草，经与会各方代表会签后，由总监理工程师签发，并报送建设单位和参建单位。

⑦ 组织开箱验货。现场监理工程师负责进行开箱验货工作；检查工程使用的原材料、构配件和设备的质量；对重要原材料构配件及设备的来源进行审核；所有设备在进场时，应按技术说明书的要求进行质量检查，必要时，应由法定检测部门进行检测；检查安全防护设施。

4. 施工阶段监理实施工作

① 开工组织。监理人员拜访建设单位，发送《开工报告》、工程联系人表、第一次工地例会纪要等给各建设单位、参建单位，并组织施工单位按计划进场施工，办理施工许可证、机房出入证等证件。

② 建立监理信息系统。现场监理每天向项目负责人电话或电子邮件汇报，或一周至少两次书面汇报；执行向建设单位汇报制度，根据建设单位具体要求，每周定时向建设单位文字汇报工程情况；总监督促项目部人员遵守工地管理规范，注意通信人身安全、通信安全；项目负责人将工程建设进展情况及时通报反映各参建单位；填报工程有关表格，并对表格进行整理、反馈。

③ 图纸信息沟通。施工前做好图纸现场审查工作，对一致且无疑问的，应与分建设单位负责人沟通，征得同意按图施工。不一致的，总监代表应马上与设计、建设单位负责人联系沟通。设计单位为责任单位，涉及变更的必须有设计单位签字盖章。

④ 组织工地例会。定期或根据工程实际情况召开工地会议，会议纪要由现场监理工程师负责起草，经与会各方代表签认后，由总监理工程师签发各方。

⑤ 对隐蔽工程进行旁站监理。所有隐蔽工程在被隐蔽或覆盖前，必须经监理工程师检查、验收，确认质量合格并在《隐蔽工程签证及施工工艺检查记录》上签字后，才允许隐蔽或覆盖。一旦发现违反隐蔽工程验收制度，未经验收合格擅自隐蔽或覆盖的，应立即制止，并通知项目负责人。对造成质量事故且预算增加的，必须进行书面通报，严格执法，并将处理情况报告建设单位。

⑥ 施工用款计划调度。在工程实施过程中，按照实际需要编制工程施工的用款计划，并在工程的具体实施中，每月提出对工程施工费的用款计划的修正计划，并供建设单位审核后实施施工费的用款拨付。

⑦ 组织割接、资源调度。项目负责人了解建设单位资源管理规定，根据工程情况及早组织各方核对工程所需的各类资源，按要求填写申请，按资源级别分别递交建设单位，并跟踪资源申请、调度的进展，必要时进行相关交涉，并报告建设单位协调。组织设计、施工、厂家共同制定工程割接方案。割接现场必须有建设单位工程主管和维护部门代表参加，项目负责人必须全过程在场。

⑧ 其他项目负责人定期或不定期巡视各工地现场，及时发现和提出问题，并对问题进行处理。分阶段组织监理人员进行工作总结，并根据工程实施的变化组织监理人员根据工程类型及相应工作规范进行监理工作。

5. 验收阶段监理实施工作

① 组织工程验收准备工作。项目负责人审查施工单位交工技术文件，组织编制监理竣工文件，并交分管领导审查；受建设单位的委托负责设计文件、交工验收文件、监理文件及安装设备表等文件的收集及整理。

② 项目负责人组织预验收。向建设单位、施工单位、设备厂家、设计单位发送《工程预验通知》；要求施工单位在限期内对竣工资料修正出版。对预验收存在的问题，必须填写遗留问题处理清单，处理完毕后，由随工人员及监理人员签字证明，必要时，由监理人员编写预验收纪要，并报建设单位。

③ 验收预备会。项目负责人将交工验收遗留问题处理完毕后，向建设单位主动申请工程初验。准备好相关资料后，召开验收预备会，安排好时间、地点、人员。

④ 验收工作。项目负责人应就各种可能出现的情况尽量做好准备，及时处理在工程验收过程中发现的问题，并做好遗留问题处理清单记录。跟踪验收中发现问题的处理，及时向建设单位汇报整改情况，力争总结会前解决。

⑤ 验收总结会。项目负责人在会前做好对验收中发现的问题及处理情况进行总结、协助建设单位考核设计、施工等单位和转发验收测试报告给相关单位等工作，征询建设单位意见，组织召开验收总结会。会后，做好验收报告，并跟踪遗留问题处理，相关单位处理完毕后，由随工人员或监理人员签字证明后报送建设单位。

6. 结算阶段监理实施工作

① 审核施工单位提交的《工程结算申请》就工程量、材料用量等进行严格的审核。提出监理审核意见，形成《监理工程师工程预结算审查意见表》，上报建设单位审计部门和工程管理部门。

② 跟踪审计部门的审查进度，及时响应审计部门和工程管理部门提出的关于结算中的问题，有问

题时及时进行更正。

③ 根据结算完成情况，协助建设单位对施工单位进行考核评分。

7. 投入试运行及保修阶段监理实施工作

① 做好遗留问题的处理工作，并按工程施工过程中的要求进行书面汇报。

② 试运行、保修期工作。听取用户对工程的使用情况和意见，了解工程质量状况和工程使用状况；查询或调查使用中造成问题的原因，并对原因进行分析，对出现的质量缺陷，分析原因，确定责任者；商讨进行返修的事项，包括审核保修的施工方案、检查保修情况等。

③ 协助建设单位完成工程终验工作。协助建设单位编写终验报告书，召开终验会。

④ 完成监理费用结算工作。监理人员按合同条款向建设单位提交用款申请单或发票，完成监理费用结算工作。

2.4　监理工作文档

监理实施工作过程中会产生大量的工作文档，用于忠实记录监理工作的整个过程，主要的文档类型如下。

1. 监理大纲

监理大纲是监理单位为获取监理业务在监理投标阶段编制的项目监理方案性文件，是投标书的组成部分。监理单位编制监理大纲有以下两个作用：一是使业主认可监理大纲中的监理方案，从而承揽到监理业务；二是为项目监理机构今后开展监理工作制定基本的方案。为使监理大纲的内容和监理实施过程紧密结合，监理大纲的编制人员应当是监理单位经营部门或技术管理部门人员，也应包括拟定的总监理工程师。总监理工程师参与编制监理大纲有利于监理规划的编制。监理大纲的内容应当根据业主所发布的监理招标文件的要求来制定，一般来说，应该包括如下主要内容。

（1）拟派往项目监理机构的监理人员情况介绍。在监理大纲中，监理单位需要介绍拟派出的项目监理机构的主要监理人员，并对他们的资格情况进行说明。其中，应该重点介绍项目总监理工程师的情况，这往往决定承揽监理业务的成败。

（2）拟采用的监理方案。监理单位应当根据业主所提供的工程信息，并结合自己初步掌握的工程资料，制定出拟采用的监理方案。监理方案的具体内容包括：项目监理机构的方案、建设工程三大目标的具体控制方案、工程建设各种合同的管理方案、项目监理机构在监理过程中进行组织协调的方案等。

（3）将提供给业主的监理阶段性文件。在监理大纲中，监理单位还应该明确未来工程监理工作中向业主提供的阶段性的监理文件，这将有助于满足业主掌握工程建设过程的需要，有利于监理单位顺利承揽该建设工程的监理业务。

2. 监理规划

监理规划是监理委托合同签定后，由总监理工程师主持、专业监理工程师共同参与制订的指导开展监理工作的纲领性文件。工程项目监理机构收到通信工程项目的设计文件后，针对项目的目标、技术、管理、环境以及参与工程建设各方的情况，依据建设工程相关的法律、法规、项目的审批文件、技术标准、技术资料、设计文件、监理大纲、监理合同以及与工程相关的其他合同进行监理规划的编写，明确具体的工作内容、工作方法、监理措施、工作程序和工作制度。监理规划编写完毕后，需经过监理单位技术负责人审批，并在召开第一次工地会议前报送建设单位。在监理工作实施过程中，如实际情况发生较大的改变（如设计方案发生改变、承包方式产生变化等），总监理工程师应及时招集专业监理工程师对监理规划进行修改，并按原程序报送建设单位。

3. 监理实施细则

监理实施细则是在监理规划指导下，在落实了各专业监理的职责后，由专业监理工程师针对本专业具体情况制订的更具有实施性和可操作性的业务文件。对中型及以上或专业性较强的工程项目，监理机构必须编制监理实施细则；对项目规模较小、技术简单、管理经验较成熟的工程，监理规划可以起到监理实施细则的作用，不需另外编写。

监理实施细则可根据工程开展情况分阶段编写，在分项工程或单位工程在施工前，由专业监理工程师编制并经总监理工程师批准。编制的依据是已批准的监理规划、与工程相关的标准、设计文件和技术资料以及施工单位的施工组织设计方案。

4. 监理日志

监理日志由监理工程师和监理员负责书写，是反映工程施工过程的实录。认真、及时、真实、全面地做好监理日志，对日后发现问题、解决问题，甚至仲裁、起诉都有作用。监理日志有不同的记录角度，总监理工程师可以指定一名监理工程师对项目每天总的情况进行记录。专业监理工程师可以从专业的角度进行记录；监理员可以从负责的单位工程、分部工程、分项工程的具体部位施工情况进行记录，重点不同，记录的内容、范围也不同。

项目监理日志的内容一般包括：

① 当日材料、构配件、设备、人员变化情况；

② 当日施工的相关工序的质量、进度情况，材料的使用情况，抽检、复检情况；

③ 施工程序执行情况，人员、设备安排情况；

④ 当日监理工程师发现的问题及处理情况；

⑤ 当日进度执行情况，索赔情况，安全施工情况；

⑥ 有争议的问题，各方的相同和不同意见，协调情况；

⑦ 天气、温度情况及对某些工序的影响和采取的措施；

⑧ 承包单位提出的问题，监理人员的答复等。

5. 监理例会会议纪要

监理例会是履约各方沟通情况、交流信息、协商解决合同履行过程中存在问题的主要协调方式。会议纪要由项目监理机构根据会议记录整理，经总监理工程师审阅，与会各方代表会签后，发至合同有关各方。记录的主要内容包括：

① 会议地点及时间；

② 会议主持人；

③ 与会人员姓名、单位、职务；

④ 会议主要内容，决议事项及其负责落实的单位、负责人和时限要求；

⑤ 其他事项（没达成共识的各方主要观点、意见等）。

6. 监理月报

监理单位在收到承包单位报送的工程进度后，汇总了当月已完成的工程量和计划完成工程量的工程量表、工程款支付申请表等相关资料后，由项目总监理工程师组织编写监理月报，总监理工程师签认后，报送建设单位和本监理单位。根据工程规模的大小，监理月报汇总信息的详细程度有所不同，一般包括以下 7 个方面的内容。

① 工程概况：本月工程概况及施工基本情况；

② 本月工程形象进度；

③ 工程进度：本月实际完成进度与计划进度比较；对进度完成情况及采取措施效果的分析；

④ 工程质量：本月工程质量分析；本月采取的工程质量措施及效果；

⑤ 工程计量与工程款支付；工程量审核情况；工程款审批情况及支付情况；工程款支付情况分析；本月采取的措施及效果；

⑥ 合同其他事项的处理情况：工程变更，工程延期，费用索赔；

⑦ 本月监理工作小结：本月进度、质量、工程款支付等方面情况的综合评价；本月监理工作情况；有关本工程的建议和意见；下月监理工作的重点。

7. 监理工作总结

监理总结有工程竣工总结、专题总结和月报总结 3 类，按照《建设工程文件归档整理规范》的要求，三类总结在建设单位都属于要长期保存的归档文件，专题总结和月报总结在监理单位是短期保存的归档文件，而工程竣工总结属于要报送城建档案管理部门的监理归档文件。工程竣工的监理总结包括以下内容。

① 工程概况；

② 监理组织结构、监理人员和投入的监理设施；

③ 监理合同履行情况；

④ 监理工作成效；

⑤ 施工过程中出现的问题及其处理情况和建议。

本章小结

工程监理企业与建设单位签订监理委托合同后，需要为建设单位的项目建设活动进行咨询和顾问，并负责管理合同履行过程。为此需要成立相应的项目监理组织结构。监理组织机构的设置遵循一定的原则。

项目监理组织机构的人员构成包括总监理工程师、总监理工程师代表、专业监理工程师、监理员、资料员及技术顾问等。在施工现场，建设单位应提供委托监理合同约定的满足监理工作需要的办公、交通、通信、生活设施，监理单位也要配备相关的设施以利于监理工作的开展。

通信工程项目组织模式有平行承发包模式、设计或施工总分包模式、工程项目总承包模式与监理模式和工程项目总承包管理模式 4 种模式，每种模式有各自的优缺点，与此对应的监理委托模式也不相同。具体组织形式有直线制监理组织、职能制监理组织、直线职能制监理组织、矩阵制监理组织四种。

通信工程监理实施有一定的程序，本章介绍了实施监理工作的流程及各阶段具体实施工作。每个阶段监理的工作重点应有所侧重，监理工程师应该熟悉整个监理流程中各阶段的具体工作内容。

监理实施工作过程中会产生大量的工作文档，用于真实记录监理工作的整个过程，主要的文档包括监理大纲、监理规划、监理实施细则等，另外，监理日志、监理例会会议纪要、监理月报、监理工作总结也是监理工作过程中的重要文件。

思考题

1. 监理组织机构有哪几种形式？各有什么特点？
2. 通信工程建设组织形式及各自对应的监理式有哪些？
3. 施工阶段监理实施工作的主要内容有哪些？
4. 监理日志有何作用？
5. 监理大纲、监理规划和监理实施细则之间有何关联？

第**3**章

通信工程监理的投资、进度和质量控制

本章提要

本章介绍了建设工程投资、进度和质量三大目标及目标控制的方法。通过本章的学习，读者应了解三大目标控制的意义和内涵，掌握监理在各个目标控制中的主要工作，理解三大目标控制之间对立统一的辩证关系。

3.1 建设工程目标控制

3.1.1 目标控制概述

控制是建设工程监理的重要管理活动。在管理学中，控制通常是指管理人员按计划标准来衡量所取得的成果，纠正所发现的偏差，使目标和计划得以实现的管理活动。管理首先开始于确定目标和制定计划，继而进行组织和人员配备，并进行有效的领导，一旦计划付诸实施或运行，就必须进行控制和协调，检查计划实施情况，找到偏离目标和计划的误差，确定应采取的纠正措施，以实现预定的目标和计划。建设工程目标控制的流程如图 3-1 所示。

图 3-1 所示的控制流程可以进一步抽象为投入、转换、反馈、对比和纠正 5 个基本环节，如图 3-2 所示。对于每个控制循环来说，如果缺少某一环节或某一环节出现问题，就会导致循环障碍，就会降低控制的有效性，就不能发挥循环控制的整体作用。因此，必须明确控制流程各个基本环节的有关内容，并做好相应的控制工作。

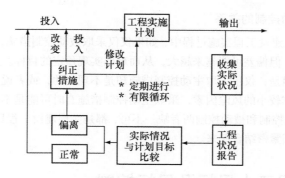

图 3-1　建设工程目标控制流程图

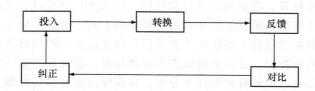

图 3-2　控制流程的基本环节

3.1.2　目标控制类型

根据划分依据的不同，可将控制分为不同的类型。例如，按照控制措施作用于控制对象的时间，可分为事前控制、事中控制和事后控制；按照控制信息的来源，可分为前馈控制和反馈控制；按照控制过程是否形成闭合回路，可分为开环控制和闭环控制；按照控制措施制定的出发点，可分为主动控制和被动控制。控制类型的划分是主观的，是根据不同的分析目的来选择的，而控制措施本身是客观的。因此，同一控制措施可以表述为不同的控制类型，且各类控制对总体目标的实现都有着自身的优势。

1．主动控制

所谓主动控制，是在预先分析各种风险因素及其导致目标偏离的可能性和程度的基础上，拟订和采取有针对性的预防措施，从而减少乃至避免目标偏离。主动控制是一种面对未来的控制，它可以解决传统控制过程中存在的时滞影响，尽最大可能避免偏差已经成为现实的被动局面，降低偏差发生的概率以及严重程度，从而使目标得到有效控制。

2．被动控制

所谓被动控制，是从计划的实际输出中发现偏差，通过对产生偏差原因的分析，研究制定纠偏措施，以使偏差得以纠正，工程实施恢复到原来的计划状态，或虽然不能恢复到计划状态，但可以减少偏差的严重程度。

被动控制是一种面对现实的控制。虽然目标偏离已成为客观事实，但是，通过被动控制措施，仍然可能使工程实施恢复到计划状态，至少可以减少偏差的严重程度。不可否认，被动控制仍然是一种有效的控制，也是十分重要而且经常运用的控制方式。因此，对被动控制应予以足够的重视，并努力提高其控制效果。

3. 主动控制与被动控制的关系

由以上分析可知，在建设工程实施过程中，如果仅仅采取被动控制措施，出现偏差是不可避免的，即虽然采取了纠错措施，但偏差可能越来越大，从而难以实现预定的目标。另一方面，主动控制的效果虽然比被动控制好，但是，仅仅采取主动控制措施却是不现实的，或者说是不可能的。对于那些发生概率小且发生后损失亦较小的风险因素，采取主动控制措施有时可能是不经济的。因此，对于建设工程目标控制来说，主动控制和被动控制两者缺一不可，都是实现建设工程目标必须采取的控制方式，应将主动控制与被动控制紧密结合起来。

3.1.3　建设工程三大目标及目标控制

任何工程建设都有投资、进度和质量三大目标，这三大目标构成了建设工程的目标体系。建设工程监理的中心工作就是进行工程项目的目标控制。具体地讲，就是要以最低的投资建成预定的工程项目，以最短的建设工期建成工程项目，使建成的工程项目的质量和功能达到预期水平。为了有效进行目标控制，必须正确认识和处理投资、进度和质量三大目标之间的关系，合理确定三大目标，并对三大目标进行任务分解，从而保证做好投资控制、进度控制和质量控制工作。

建设工程的目标控制是一个有限循环过程，而且一般表现为周期性的循环过程。通常，在建设工程监理的实践过程中，投资控制、进度控制和常规质量控制的周期按周或月计，而严重的工程质量问题和事故则需要及时加以控制。在目标控制过程中，也可能包含对已采取的目标控制措施的调整或控制。

建设工程三大目标两两之间存在既对立又统一的关系。对于一个项目，不能预期三大目标同时达到最优。对于监理工作而言，应根据特定条件下工程项目三大目标的关系及重要顺序，合理科学地对整体目标系统进行统筹监控，反复协调和平衡，力求使整体目标达到最优，避免孤立追求单一目标。

3.2　通信建设工程投资控制

3.2.1　投资控制概述

工程投资控制就是在优化建设方案、设计方案的基础上，在建设工程的各个实施阶段，采取一定的方法和措施将工程投资控制在合理的范围内。投资控制的前提在于正确确定通信工程项目各个建设阶段的工程造价。

工程造价是指建设一个通信工程项目预期开支或实际开支的全部固定资产投资费用。投资者为了获取预期的经济效益，就要通过项目评估进行决策，然后进行通信工程项目设计招标、工程招标、实施，直到工程竣工验收等一系列建设管理活动。所有这些开支就构成了通信建设项目的工程造价。

我国现行的工程造价由设备及工器具购置费用、建筑安装工程费用、工程建设其他费用、预备费、建设期贷款利息构成，具体内容如图 3-3 所示。

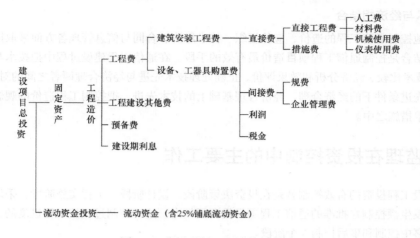

图 3-3　我国现行工程造价的构成

3.2.2　通信建设工程投资控制的原则

通信建设项目工程投资控制是在通信建设项目实施的各个阶段，严密监测、随时纠正发生的偏差，把建设项目工程投资控制在批准的投资限额内，以保证建设项目投资目标的实现。这种控制是动态的，并贯穿于通信工程项目建设的始终。在这一动态控制过程中，要遵循以下几个原则。

1. 分阶段设置投资控制的目标

通信建设工程投资控制目标应是随着工程项目建设实践的不断深入而分阶段设置。工程项目建设过程是一个周期长、投入大的生产过程，刚开始时不可能设置一个科学的、一成不变的目标，只能设置一个大致的投资控制目标，这就是投资估算。投资估算主要用于建设方案的选择和初步设计。随着工程的进展，设计概算应该是进行技术设计和施工图设计的工程投资控制的目标；施工图预算或通信建设工程承包合同价格则应该是施工阶段控制通信建设工程投资的目标。这些有机联系的阶段目标相互制约，相互补充，前者控制后者，后者补充前者，共同组成工程投资控制的目标体系。

2. 以设计阶段为重点实施全过程的投资控制

通信工程项目投资控制贯穿于项目建设的全过程，但是必须重点突出。对工程项目造价影响最大的阶段是约占工程项目建设周期 1/4 的技术设计结束前的工作阶段，在初步设计阶段，影响造价的可能性为 75%～95%；在技术设计阶段，影响造价的可能性为 35%～75%；在施工图设计阶段，影响造价的可能性为 5%～35%。显然，通信工程项目投资控制的重点在于施工前的投资决策和设计阶段。

3. 主动控制，以取得令人满意的效果

通信工程建设监理的理想结果是所建项目达到建设工期最短、造价最低、工程质量最高。但这三者是相互矛盾的。由进度控制、投资控制和质量控制组成的目标系统是一个相互制约、相互影响的统一体，其中任意一个目标变化，势必会影响到另外两个目标的变化，并受到它们的制约。因此，在进行通信工程建设监理时，应根据建设单位的要求、建设的客观条件进行综合研究，确定一套符合实际的衡量标准，能动地影响到工程项目的投资决策、设计、发包和施工，进行主动控制。

4. 技术与经济相结合

要有效地控制通信工程的造价，应从组织、技术经济、合同与信息管理各方面采取措施。其中，技术与经济结合是控制通信工程项目造价最有效的手段。在通信工程建设过程中把技术与经济有机结合，要通过技术比较、经济分析和效果评价，正确处理技术先进与经济合理两者之间的对立统一关系，力求在技术先进条件下的经济合理，经济合理基础上的技术先进，把控制工程造价的观念渗透到每一项设计和技术措施之中。

3.2.3 监理在投资控制中的主要工作

通信建设工程投资的有效控制就是在投资决策阶段、设计阶段、工程实施阶段，采取各种措施使工程造价的发生额控制在批准的通信工程项目投资限额内。这一控制过程按工程进度的进展情况分为事前控制、事中控制和事后控制 3 个阶段。

1. 投资控制的事前控制

（1）审查施工组织设计

施工组织设计是施工承包单位根据施工图预算文件对工程项目组织施工的重要文件。包括具体的施工技术方案、施工进度计划等，好的施工组织设计有助于工程项目施工的有序开展，确保建设项目的投资控制和进度控制。因此，监理工程师首先要对施工承包单位的施工组织设计进行审查。

（2）审查施工图预算

施工图预算是根据施工图设计要求所计算的工程量、现行通信工程预算定额及取费标准、材料预算价格和国家规定的其他取费规定，进行计算和编制的单位工程和单项通信工程建设费用的文件。审查施工预算是控制工程项目投资的一个有力措施，是与承包单位进行工程拨款和工程结算的准备工作和依据，对合理使用人力、物力和财力都起到积极作用。

2. 投资控制的事中控制

事中控制就是监理工程师在工程实施过程中对工程造价进行控制。监理工程师在通信建设工程项目施工过程中要把计划投资额作为投资控制的目标值，在工程项目施工过程中采取有效的措施，控制投资的支出，将实际支出值与投资控制的目标值进行比较，作出分析和预测，以加强对各种干扰因素的控制，确保投资控制目标的实现。

（1）投资事中控制的措施

在施工阶段，投资控制仅仅靠控制工程款的支付是不够的，应该从组织、经济技术、合同等多方面采取措施，控制工程总造价。

① 组织措施：明确在项目监理机构落实投资控制的人员，如造价工程师的任务分工和各自的职能；编制施工阶段投资控制工作计划，画出详细的工作流程图，以指导本阶段的投资控制工作。

② 经济措施：编制、审查资金使用计划，确定、分解投资控制目标；进行工程计量；项目监理机构对承包施工单位申报的已完成工程的工程量进行核验，作为拨付工程进度款的依据；复核工程付款帐单，总监理工程师签发付款证书；在施工过程中定期进行投资支出值与计划目标值的比较，发现偏差，要分析原因，采取纠偏的措施；对投资支出做好分析与预测，定期向建设单位提交工程项目投资控制及其存在问题的报告；协商做好工程变更的价款，正确处理工程索赔。

③ 技术措施：对设计变更进行经济技术比较，严格控制设计变更；不断寻找通过设计挖潜节约投

资的可能性；审核承包商编制的施工组织设计，对主要施工方案进行技术经济分析。

④ 合同措施：做好工程施工记录，保存各种文件图纸，特别是注有实际施工变更情况的图纸，积累素材，为正确处理可能发生的索赔提供依据；参与合同修改、补充工作，着重考虑对投资控制的影响。

（2）施工阶段工程量的计算

工程计量是控制项目投资支出的关键环节，合同条件中开列的工程量是项目的估算工程量，不能等同于承包单位应予完成的实际工程量，因此不能作为结算工程价款的依据。监理工程师必须对承包单位已完成的工程进行计量，所得的数据是向承包单位支付工程款项的凭证。监理工程师可以通过计量支付手段，控制承包工程按合同条件进行。

（3）工程建设投资结算

我国通信建设工程项目有相当一部分是按月结算。这种结算方法按分部分项工程结算，便于建设单位根据工程进展情况控制分期拨款额度，同时使承包单位的施工消耗及时得到补偿，实现利润。

① 工程预付款。工程预付款是建设工程施工合同签定后由建设单位（发包人）按照合同约定，在正式开工前预先支付给施工单位（承包人）的工程款。工程预付款的额度要根据各工程类型、合同工期、承包方式和供应体制等条件而定，保证施工所需要材料和构件的正常储备。到了工程的中后期，随着工程所需要主要材料储备的逐步减少，原已支付的预付款应以抵扣的方式陆续扣回。

② 工程进度款。工程进度款的支付一般按当月实际完成工程量进行结算，也称中间结算。但在工程竣工前，承包单位收取的工程预付款和进度款的总额一般不超过合同总额的95%，其余5%尾款在工程竣工结算时除保修金外一并清算。

③ 竣工结算。工程竣工验收后，承包单位向建设单位递交竣工结算报告及完整的结算资料，双方按照协议书约定的合同价款及专用条款约定的合同价款调整内容，进行工程竣工结算。专业监理工程师首先审核承包单位报送的竣工结算报表，总监理工程师审定竣工结算报表，与建设单位、承包单位协商一致后，就可以签发竣工结算文件和最终的工程款支付证书，由建设单位向承包单位支付相应的工程款项。

（4）工程变更价款的控制

在通信工程项目施工过程中，由于各种情况的变化，可能会出现工程变更，导致工程量发生变化，施工进度受到影响，引起承包单位的索赔等情形，从而使项目投资超出原来的预算投资。监理工程师对此应严格加以控制，做好工程变更的管理工作。

（5）施工阶段索赔的控制

索赔是在工程承包合同履行中，当事人一方由于另一方未履行合同所规定的义务而遭受损失时，向另一方提出赔偿要求的行为。费用索赔都是以补偿实际损失为原则，监理工程师必须与建设单位和施工单位进行协商，公正处理好索赔。

3. 投资控制的事后控制

投资控制的事后控制主要是要做好工程决算，对决算使用到的依据进行严格审核，同时做好项目的事后保修回访监督工作。

（1）通信工程建设项目的竣工决算

工程竣工后，对施工单位提交的结算报告进行审核，建设单位要编制工程竣工决算，从而完成通信建设工程项目的固定资产投资，将项目投入正常使用。

通信建设项目决算应包括从筹建到竣工投产全过程的实际支出总费用，即建筑工程费用、安装工程费用、设备工器具购置费用和其他费用等。竣工决算由竣工决算报表、竣工决算报告说明书、竣工工程平面示意图、工程造价比较分析4个部分组成。大中型建设项目竣工决算报表一般包括竣工工程概况表、竣工财务决算表、建设项目交付使用财产总表及明细表、建设项目建成交付使用后投资效益表等。而小型项目竣工决算表则由竣工决算总表和交付使用财产明细表所组成。

竣工决算编制后，必须进行竣工决算的审查。竣工决算的审查分为两个方面：一方面是由监理工程师组织有关人员进行初审；另一方面，竣工决算在建设单位自审的基础上，经过领导批准报上级主管部门，由上级主管部门和建设银行会同有关部门进行审查。

（2）竣工项目的保修与回访

回访是设计单位、承包单位、设备材料供应单位、监理单位在建设项目投入使用后的一定期限内，了解项目的使用情况、设计质量、施工质量及设备运行状态和用户对维修方面的要求。通过回访，根据用户的意见，对需要处理的问题，设计单位、承包单位和设备材料供应单位在保修期内予以保修。

在保修期内，项目出现质量问题影响使用，用户可以用口头或书面方式通知承包单位和有关部门，说明情况，要求派人前往检查修理。承包单位和有关保修部门必须尽快派人前往检查，并会同用户和监理工程师共同作鉴定，提出修理方案，组织人力、物力进行修理。在发生问题的部位或项目返修完毕后，要在保修证书的"保修记录"栏内做好记录，并经用户和监理工程师验收签字。

3.3 通信建设工程质量控制

3.3.1 质量控制概述

1. 工程质量的基本概念

工程质量是指工程满足业主需要的，符合国家法律、法规、技术规范标准、设计文件及合同规定的特性综合。影响工程质量的因素很多，但归纳起来主要有5个方面，即人（man）、材料（material）、设备（machine）、方法（method）和环境（environment），简称为4M1E因素。

（1）人员素质

人是生产作业的主体，也是工程项目的决策者、管理者、操作者，工程建设的全过程都是通过人来完成的。实行资质管理和各类专业人员持证上岗制度是保证人员素质的重要管理措施。

（2）工程材料

工程材料泛指构成工程实体的各类材料、构配件，它是工程建设的物质条件，是工程质量的基础。

（3）设备

设备可分为两类：一是组成工程实体及配套的各类设备和各类机具，如电源设备、配线架、交换机等；二是施工过程中使用的各类机具设备，如各种安全设施、各类测量仪器和计量器具等。工程用机具设备产品质量的优劣直接影响工程使用功能质量的好坏。

（4）方法

方法是指工艺方法、操作方法和施工方案。在工程施工中，施工方案是否合理，施工工艺是否先进，施工操作是否正确，都会对工程质量产生重大影响。

（5）环境条件

环境条件是指对工程质量的特性起重要作用的环境因素，包括工程技术环境、工程作业环境、工程管理环境等。环境条件往往对工程产生特定的影响。

2. 工程质量的特点

（1）影响因素多

建设工程质量受到多种因素的影响，如决策、设计、材料、机具设备、施工方法等，这些因素直接或间接地影响工程项目质量。

（2）质量波动大

由于建设生产不像一般的工业产品的生产那样，有固定的生产流水线，有非常规范化的生产工艺和比较单一稳定的检测手段，有成套的生产设备和稳定的生产环境，所以工程质量容易产生波动，而且波动大。

（3）质量隐蔽性

建设工程施工作业在运行过程中，工序作业交接多、隐蔽工程多，后一道工序有可能会把前一道工序的质量掩盖，因此质量存在隐蔽性。

（4）终检的局限性

工程项目建成后，不可能像一般工业产品一样依靠终检来判断产品质量，一般的竣工验收无法进行工程内部的质量检验，发现隐蔽的质量缺陷，从而存在质量的隐患。因此，工程项目的终检存在一定的局限性。

（5）评价方法的特殊性

通信建设工程质量的检查评定及验收是按工序、单位工程进行的。每一个工序的质量是单位工程乃至整个工程质量的检验基础，隐蔽工程在隐蔽前要检查合格后验收。工程的竣工验收一般经过施工单位自检，初验、试运行阶段，这种评价方法体现了"验评分离、强化验收、完善手段、过程控制"的指导思想。

3. 工程质量控制的内容

工程质量控制按工程质量的形成过程，由各个阶段的质量控制组成，不同阶段的控制内容各不相同。

① 决策阶段的质量控制主要是通过项目的可行性研究，选择最佳建设方案，使项目的质量要求符合业主的意图，并与投资目标相协调，与所在地区的环境相协调。

② 工程勘察设计阶段的质量控制主要是选择好勘察单位，保证工程设计符合决策阶段的质量要求，符合有关技术规范和标准的规定，设计文件图纸符合现场和施工的实际条件，其深度能满足施工的需要。

③ 施工阶段质量控制，一是择优选择能保证工程质量的施工单位，二是严格监督承建商按设计图纸进行施工，并形成符合合同文件规定质量的最终建设产品。

4. 质量控制的依据

（1）合同文件

工程施工承包合同文件和委托监理合同文件中分别规定了参与建设各方在质量控制方面的权力和义务，有关方必须履行在合同中的承诺。对于监理单位，既要履行委托监理合同的条款，又要督促建设单位、监督承包单位、设计单位履行有关的质量控制条款。因此监理工程师要熟悉这些条款，据此进行质量监督和控制。

（2）设计文件

"按图施工"是施工阶段的一项重要原则。因此，经过批准的设计图纸和技术说明书等设计文件无疑是质量控制的重要依据。但是从严格质量管理和质量控制的角度出发，监理单位在施工前还应参加由建设单位组织的设计单位及承包单位参加的设计交底及图纸会审工作，以达到了解设计意图和质量要求，发现图纸差错和减少质量隐患的目的。

（3）国家及政府有关部门颁发的有关质量管理的法律、法规性文件

例如，《通信工程质量监督管理规定》（2001.12.29 信息产业部）；《工程建设监理规定》（1995.12.15 建设部）；《工程项目建设管理单位管理暂行办法》（1997.5.27 建设部）等。

（4）有关质量检验与控制的专门技术法规性文件

这类文件一般是针对不同行业、不同的质量控制对象而制定的技术法规性文件，包括各种有关标准、规范、规程或规定。它们是建立和维护正常生产和工作秩序应遵守的准则，也是衡量工程、设备和材料质量的尺度。

3.3.2　通信建设工程质量控制的原则

监理工程师在工程质量控制时，应遵循以下原则。

（1）坚持质量第一的原则

工程质量不仅关系着工程的适用性和建设项目的投资效果，而且关系到通信安全的可靠性。所以，监理工程师在进行投资、进度、质量三大目标控制时，自始至终要把"质量第一"作为工程质量控制的基本原则。

（2）坚持以人为核心的原则

人是工程质量的决策者、组织者、管理者和操作者。在工程建设中，各单位、各部门、各岗位人员的工作质量水平和完善程度都直接或间接地影响工程的质量。所以在工程质量的控制中，要以人为核心，重点控制人的素质和行为，充分发挥人的积极性和创造性，以人的工作质量来保证工程质量。

（3）坚持以预防为主的原则

工程质量控制应该是积极主动的，应事先对影响质量的各种因素加以控制，而不能是消极被动的，等出现质量问题再进行处理，造成不必要的损失，其至无法弥补的质量缺陷。所以，要重点做好质量的事前控制、事中控制，以预防为主，加强工程材料、工序和工序交接的质量检查和控制。

（4）坚持质量标准的原则

质量标准是评价产品质量的尺度，工程质量是否符合合同规定的质量标准的要求，应通过质量检测并和质量标准进行对照，符合质量标准要求的才合格，不符合的必须返工处理。

（5）坚持科学、公正、守法的职业道德规范

在工程质量控制中，监理人员必须坚持科学、公正、守法的职业道德规范，要尊重科学，尊重事实，以数据资料为依据，客观、公正地处理质量问题。

3.3.3　监理在质量控制中的主要工作

1. 质量控制的事前控制

事前控制即施工准备控制，指在各工程对象正式进行施工活动前，对各项准备工作及影响的各因

素进行控制，这是确保施工质量的先决条件。

（1）图纸会审和设计交底

图纸会审是指承担施工阶段监理的监理单位组织施工单位以及建设单位、材料、设备供应等相关单位，在收到审查合格的施工图设计文件后，在设计交底前进行的全面细致地熟悉和审查施工图纸的活动。其目的一是使施工单位和各参建单位熟悉设计图纸，了解工程特点和设计意图，找出需要解决的技术难题，并制定解决方案；二是为了解决图纸中存在的问题，减少图纸的差错，将图纸中的质量隐患消除在萌芽之中。

设计交底是指在施工图纸完成并经审查合格后，设计单位在设计文件交付施工时，按法律规定的义务，就施工图设计文件向施工单位和监理单位做出详细的说明。其目的是对施工单位和监理单位正确贯彻设计意图，使其加深对设计文件特点、难点、疑点的理解，掌握关键工程部位的质量要求，确保工程质量。

设计交底应由设计单位整理会议纪要，图纸会审应由施工单位整理会议纪要，如分期分批供图，应通过建设单位确定分批进行设计交底的时间安排。经设计单位、建设单位、承包单位和监理单位签认后分发到各方。设计交底与图纸会审中涉及设计变更的，还应按照监理程序办理设计变更手续。设计交底会议纪要、图纸会议纪要一经各方确认，即成为施工和监理的依据。

（2）审查承包单位的质量管理体系

承包单位健全的质量管理体系，对于取得良好的施工效果具有重要作用，因此监理工程师需要做好承包单位的质量管理体系的审查，督促承包单位不断地健全和完善质保体系，这一点是搞好监理工作的重要环节，也是取得好的工程质量的重要条件。

① 承包单位应填写《承包单位质量管理体系报验申请表》，与施工组织计划一道向项目监理机构报送项目经理部的质量管理、技术管理和质量保证体系的有关资料，包括组织机构、各项制度、管理人员、专职质检员、人员的资格证、上岗证等。

② 监理工程师对报送的相关资料进行审核，并进行实地检查。

③ 经审核，承包单位的质量管理体系满足工程质量管理的需要，总监理工程师予以确认。对于不合格的人员，总监理工程师有权要求承包单位予以撤换，不健全、不完善之处要求承包单位尽快整改。

（3）分包单位资格审查

保证分包单位的质量是保证工程施工质量的一个重要环节和前提。因此，监理工程师应对分包单位资质进行严格控制。

① 承包单位对通信工程实行分包，必须符合施工合同的规定。

② 项目监理机构对分包单位资格和技术水平的审核应在所分包的专业单项、单位工程开工前完成。

③ 承包单位应填写《分包单位资格报审表》(A3)，附上经自审认可的分包单位的有关资料，报项目监理机构审核。

④ 项目监理机构认为必要时，可会同承包单位对分包单位进行实地考察，以验证分包单位的有关资料的真实性。

⑤ 分包单位的资格符合有关规定并满足工作需要，由监理工程师签发《分包单位资格报审表》（A3），予以确认。

⑥ 分包合同签定后，承包单位应填写《分包合同报验申报表》，并附上分包合同报送项目监理机构备案。

⑦ 项目监理机构发现承包单位存在转包、肢解分包、层层分包等情况，应签发《监理工程师通知

《单》予以制止，同时报告建设单位及有关部门。

⑧ 总监对分包单位资格的确认不解除总包单位应负的责任。在工程的实施过程中，分包单位的行为均视为承包单位的行为。

⑨ 总承包单位选定分包单位后，应向监理工程师提交《分包单位资格报审表》，其内容一般包含分包工程的情况、分包单位的基本情况等。

⑩ 分包协议草案。包括总承包单位与分包单位的权、责、利，分包项目的施工工艺、分包单位设备和到场时间、材料供应；总包单位的管理责任等。

监理工程师对总承包单位提交的《分包单位资质报审表》审查时，主要是审查施工单位合同是否允许分包，分包的范围和工程部位是否可进行分包，分包单位是否具有按工程承包合同规定的条件完成分包工程的能力。如果认为该分包单位不具备分包条件，则不予以批准。若监理工程师认为该分包单位基本具备分包条件，则应在进一步调查后，由总监理工程师予以书面确认。审查、控制的重点一般是分包单位的施工组织者、管理者的资格与质量管理水平，特殊专业工种和关键施工工艺或新技术、新工艺、新材料等应用方面操作者的素质和能力。

（4）施工组织设计的审查

在我国现行的施工管理中，施工承包单位应针对每一特定工程项目进行施工组织设计，以此作为施工准备和施工全过程的指导性文件。具体包括：编制依据，项目概况，质量目标，组织机构，质量控制及管理组织协调的系统描述，质量控制手段、检验和试验程序，确定关键过程和特殊过程及作业的指导书，与施工过程相适应的检验、试验、测量、验证要求，更改和完善质量计划的程序等。施工组织设计已包含了质量计划的内容，因此，监理工程师对施工组织设计的审查也同时包括了对质量计划的审查。

项目监理机构应要求承包单位严格按批准的施工组织设计（方案）组织施工，在施工过程中，由于情况发生变化，承包单位可能对已批准的施工组织设计（方案）进行调整、补充和变动，对此，项目监理机构应要求承包单位报送调整（补充或变动）后的施工方案，并重新予以审查，签字确认。重点部位、关键工序或技术复杂的专业分部、分项工程，项目监理机构应要求承包单位编制详细的方案措施。如建设加固、机房布线、设备调测等。

（5）检测单位审核

对外委托的检测项目，承包单位应填写《检测单位资格报审表》（A4），将拟委托检测单位的营业执照、企业资质等级证书、委托测试内容等有关资料报送项目监理机构，专业监理工程师审核合格后，予以签认。

承包单位利用本企业检测机构时，应将检测机构的资质、检测范围，检测设备的规格、型号、数量及定期检定证明（法定计量检测部门），检测机构管理制度，检测员资格证书等有关资料报送项目监理机构，专业监理工程师审核及格予以确认。

（6）现场施工条件检查

① 线路施工条件检查。

a. 通信线路路径是否协调，各级政府主管部门批件及外单位协议是否齐全。

b. 承包单位的施工许可证、道路通行证是否已办妥。

c. 通行器材、设备集屯点是否选定，且条件是否满足要求。

d. 对所施工地段、路由有影响施工的障碍物进行检查。例如通信管道工程施工前，必须对地下的各种管道，路面上的树木、电杆、建筑物进行复查处理，以免影响施工。

② 通信机房条件检查。承包单位应对机房等施工环境进行检查，填报《环境报验申请表》（A4），报验包括以下所列内容，监理工程师收到承包单位《机房环境报验申请表》后，应及时

审验并签证。如发现不合格的项目，应及时签发监理工作联系单（C1），报建设单位责成土建施工单位限期修整。

 a. 机房建筑应符合工程设计的要求，有关建筑工程已完工并验收合格。

 b. 机房地面、墙壁、顶棚的预留孔洞位置尺寸，预埋件的规格、数量等均要符合工程设计的要求。

 c. 当机房需做地槽时，地槽的走向路由、规格应符合工程设计要求，地槽盖板坚固严密，地槽内不得渗水。

 d. 机房的通风、取暖、空调等设施已安装完毕，并能提供使用。室内温度、湿度应符合工程设计的要求。

 e. 机房建筑的接地电阻必须符合工程设计的要求，防雷保护接地验收合格。

 f. 在铺设活动地板的机房内，应检查地板板块铺设是否稳固平整，水平误差每平方米是否小于或等于 2mm，板块支柱接地是否良好，接地电阻和防静电设施是否符合工程设计的要求。

 g. 市电已按要求引入机房，机房照明系统已能正常使用。

（7）进场材料、构配件和设备的质量控制

工程所需的原材料、构配件和设备将构成永久性工程的组成部分，所以它们质量的好坏直接影响未来工程的质量，因此需要对其质量进行严格控制。

用于工程的器材到场后，应组成设备器材检验小组，由监理工程师任组长，建设单位代表、供货单位代表、承包单位代表任成员，对到达现场的设备，主要材料的品种、规格、数量进行清点和外观检查；对建设单位采购的设备器材，应依据供货合同的器材清单逐一开箱检验，查看货物是否有外损伤或受潮生锈，若是进口设备器材，还应有报关检验单。

（8）承包单位进场人员技术资格及使用的机具、仪表和设备查验

① 承包单位应以批准的施工组织设计文件为依据，填报施工技术人员、技术水平和用于施工的《机具仪表状况报验申请表》（A4），报送监理检验签证。

② 施工技术人员应具有专业技术操作上岗证书，并具有一年以上工程施工经验，新人员不能超过 50%，且技术操作必须有指导者在场。

③ 承包单位应填写《进场设备和仪表报验申请表》（A4），并附上有关说明、证书、计量装置的有关法定检测部门的检定证明、调试结果等资料，报项目监理部门，保证施工的机具、仪表状况良好。

④ 监理工程师应实地检查进场施工机具仪表的技术状况，审核、检查合格后，签认《进场设备和仪表报验申请表》（A4），必要时，可对操作人员进行技术考核和口头质疑。

⑤ 在施工过程中，监理工程师应经常检查上述机具和仪表的技术状况。

2. 质量控制的事中控制

事中控制指的是施工过程控制，更细化地说，就是对每个工序的完成过程、顺序和结果的质量控制。换言之，施工过程就是作业技术活动的过程，因此我们可以把通信工程的事中控制划分为对作业技术活动的实施状态和结果所进行的控制。

（1）作业技术活动运行状态的控制

施工过程是由一系列相互联系和制约的作业活动所构成的，作业活动会受到施工的人员、施工的材料、施工的方法、施工的流程、设计的变更、环境的变化等诸多因素的影响，因此保证作业活动的效果与质量是施工过程质量控制的基础。作业技术活动状况的检查包括承包单位的自检和专检监控以及监理工程师的检查。

监理工程师的质量检查和验收是对承包单位作业活动质量的复核与确认。监理工程师的检查决不

能代替承包单位的自检，必须是在承包单位自检并确认合格的基础上进行的。专职质检员没检查或检查不合格，不能报监理工程师，不符合上述规定，监理工程师一律拒绝进行检查。

（2）工程变更的监控

在施工过程中，由于前期勘察设计的原因，或由于外界自然条件的变化，如未探明地下的障碍物等，以及施工工艺方面的限制、建设单位要求的改变，均会涉及工程的变更。做好工程变更的控制工作，也是作业过程质量控制的一项重要内容。工程变更可能来自建设单位（监理单位）、设计单位或施工单位。为了确保工程质量，在不同情况下，工程变更的实施，设计图纸的澄清、修改，具有不同的程序。

（3）对见证点的实施控制

见证点是对重要程度不同及监理要求不同的质量控制点的一种区分方式。实际上它是质量控制点，只是由于它的重要性或其质量后果影响程度不同于一般的质量控制点，所以在实施监督控制时的运作程序和监督要求与一般质量控制点有区别。

见证点监督，也称 W 点监督。凡是列为见证点的质量控制对象，在规定的关键工序施工前，承包单位应提前通知监理人员在约定时间内到现场进行见证和对其施工实施监督。如监理人员未能在约定时间内到现场见证和监督，则承包单位有权进行该见证点的相应工序操作和施工。

（4）质量记录资料的监控

质量资料是施工承包单位在进行工程施工或安装期间实施质量控制活动的记录，还包括监理工程师对这些质量控制活动的意见及施工单位对这些意见的答复，它详细地记录了工程施工阶段质量控制活动的整个过程。

质量记录资料包括以下 3 个方面的内容。

① 施工现场质量管理检查记录资料：主要包括承包单位现场质量管理制度，质量责任制；主要专业工种操作的上岗证书；分包单位资质及总包单位对分包单位的管理制度；施工图纸核对资料（记录），施工组织设计、设计方案及审批记录；施工技术标准；工程质量检验制度；现场材料、设备存放和管理等。

② 工程材料质量记录：主要包括进场工程材料、构配件、设备质量证明材料，各种合格证入网证，设备进场维护记录或设备进场运行检验记录。

③ 施工过程作业活动质量记录资料：施工过程可按分项、分部、单位工程建立相应的质量记录资料。在相应质量记录资料中，应包含有关图纸的编号、设计要求；质量自检资料；监理工程师的验收资料；各工序作业的原始施工记录；检测及试验报告；材料、设备质量资料的编号、存放档案卷号；此外，质量记录资料还应包括不合格项的报告、通知以及处理及检查验收资料等。

（5）工程例会的管理

工程例会是施工过程中参加建设项目各方沟通情况、解决分歧、形成共识、做出决定的主要渠道，也是监理工程师现场质量控制的重要场所。通过工程例会，监理工程师检查分析施工过程的质量状况，指出存在的问题，承包单位提出整改的措施，并作出相应的保证。

除了例行的工地例会外，针对某些质量问题，监理工程师还应组织专题会议，集中解决较重大或普遍存在的问题。实践表明，采用这种方式比较容易解决问题，使质量状况得到改善。

（6）停、复工指令的实施

① 停工指令的下达：为了确保作业的质量，根据委托监理合同中建设单位对监理工程师的授权，出现以下情况须停工处理，应下达指令：

a. 施工作业活动存在重大隐患，可能造成质量事故或已造成质量事故；

b. 承包单位未经许可擅自施工或拒绝项目监理机构管理；

c. 施工出现异常情况，经提出后，承包单位未采取有效措施，或措施不力未能扭转异常情况者；

d. 隐蔽作业未经依法查验确认合格，而擅自封闭者；

e. 未经技术资质审查的人员或不合格人员进场施工；

f. 已发生质量问题而迟迟未按监理工程师的要求进行处理，或已发生质量缺陷或问题，如不停工，则缺陷或问题继续发展下去；

g. 使用的材料、构配件不合格或未经检查确认者，或擅自采用未经审查认可的代用材料者；

h. 擅自使用未经项目监理机构审查的分包单位进场施工。

总监理工程师在签发工程暂停指令时，应根据停工原因的影响范围和影响的程度来确定工程项目的停工范围。

② 复工指令的下达：承包单位经过整改具备复工条件时，承包单位向项目监理机构报送复工申请及有关材料，证明造成停工的原因已消失。经监理工程师现场复查，认为已符合复工的条件，造成停工的原因已消失，总监理工程师应及时签署工程复工报审表，指令承包单位继续施工。

③ 总监理工程师下达停工及复工指令时，应预先向建设单位报告。

（7）作业技术结果的控制

作业技术活动结果的控制是施工过程中间产品及最终产品质量控制的方式，只有作业活动的中间产品都符合要求，才能保证最终单位工程产品的质量，主要包括以下内容。

① 工序检验。工序是作业活动的一种必要的技术停顿、作业方式的转换及作业活动效果的中间确认。上道工序应满足下道工序的施工条件和要求。工序间的交接验收使各工序间和相关专业工程之间形成有机整体。因此施工中监理工程师应巡视检查，对关键工序进行旁站检查，工序完工后，承包单位应填报《报验申请表》，监理工程师应及时检验并签认。

② 隐蔽工序的检查验收。隐蔽工序是将被其后工程施工所隐蔽的工序，在隐蔽前对这些工序进行验收，是对这些工序的最后一道检查。由于检查的对象就要被下一道工序所掩盖，给以后的检查整改造成障碍，故显得尤为重要，它是质量控制的一个关键过程。

③ 单位工程的检查验收。在一个单位工程完工后，施工承包单位应先进行竣工自检。自检合格后，向项目监理机构提交《工程竣工报验单》，总监理工程师组织专业监理工程师进行竣工初验。拟验收项目初验合格后，总监理工程师对承包单位的《工程竣工报验单》予以签认，并上报建设单位。同时出具"工程质量评估报告"，由项目总监理工程师和监理单位技术负责人签署。

④ 不合格的处理。上道工序不合格，不准进入下道工序施工。不合格的材料、构配件、半成品不准进入施工现场且不允许使用。已经进场的不合格品应及时做出标识、记录，指定专人看管，避免用错，并限期清除出现场。不合格的工序或工程产品不予计价。

3. 质量控制的事后控制

（1）通信工程竣工的验收

通信工程项目的竣工验收是项目建设的最后一个环节，是全面考核项目建设成果、检查设计和施工质量、确认项目能否投入使用的重要步骤。竣工验收的顺利完成标志着项目建设阶段的结束和生产使用阶段的开始。尽快地完成竣工验收工作，对促进项目的早日投产，发挥经济效益，有着非常重要的意义。

① 通信工程竣工验收的质量控制。

a. 承包单位在设备、系统安装调测完毕并编写出竣工技术资料后，即可填报《工程竣工报验单》（A10），报送监理单位，申请工程竣工验收。

b. 监理单位收到承包单位验收申请单后，项目总监理工程师应组织专业监理工程师和承包单位项目经理及主要的技术管理人员，依据工程建设合同、工程设计文件、通信行业和国家相关技术规范，对该通信工程项目进行预验收。

c. 承包单位应对预验收中所提出的质量问题及时进行整改，并回复监理工程师整改情况。

d. 监理单位在收到整改情况回复后，应派监理工程师进行检验，直到工程合格后，签证验收申请单，并编写预验报告。然后将两份文件报送建设单位。

e. 通信工程的初验、试运行、终检由建设单位主持并组织，监理工程师除履行监理任务外，应给建设单位做好验收的参谋工作。

② 通信系统初验测试控制。在通信系统的割接开通前，必须进行初验测试，用于检验通信系统及相关设备是否符合运转要求。

a. 承包单位应报送《初验报验申请表》（A4），送报监理工程师审核签证。监理工程师组织承包单位预验检查，并编写预验报告，报送建设单位。由建设单位组织初验测试人员与承包单位、监理单位共同组成初验小组进行初验。

b. 初验测试的计划和内容应依据规范和设计要求制定并报监理审核。

c. 初验收测试步骤应按照安装、移交和验收工作流程进行，测试的方法和手段可参照供货单位提供的技术文件以及专用仪表进行。

d. 在初验测试阶段，如果主要指标和业务功能达不到要求，承包单位应填报《监理工作联系单》（C1），写明测试不合格的项目，送监理工程师审核。监理工程师审核签证并通过建设单位责成供货单位及时整改处理。再按照工作流程的要求，重新进行系统调测。

e. 初验测试结束后，应编制初验总结报告，报总监理工程师审核签证后，与建设单位协商确定割接试运行。

（2）通信系统试运行监测质量控制

① 试运行程序控制点。

a. 系统经过初验测试后，承包单位应填报工程《竣工报验申请表》（A10），申请开通试运行，报送监理单位。

b. 监理工程师接到竣工报验单后，总监理工程师应组织专业监理工程师和承包单位的代表对工程进行预验收。并要求承包单位对预验收中所提出的质量问题进行整改。

c. 监理工程师应写出预验收报告，并签定承包单位的工程竣工报验申请，报送建设单位。

d. 建设单位应主持并组织工程初验，通过后即可开始试运行。

② 试运行质量控制点。

a. 试运行从初验收测试完毕、割接开通后开始，时间不少于 3 个月。

b. 试运行测试的主要性能和指标应达到设计和规范的规定方可终验。如果主要指标不符合要求，应从次月开始重新进行 3 个月。

c. 试运行期间，应接入设备容量的 20%以上的用户或电路负载联网运行。

建设单位的工程管理和运营维护部门应编写《试运行报告》，提交监理工程师审查签认后，报建设单位组织终验。

3.4 通信建设工程进度控制

3.4.1 进度控制概述

1. 进度控制的意义

工程项目进度控制与投资控制和质量控制一样，是工程项目施工的重要控制之一。它是保证工程施工项目按期完成，合理安排资源供应，节约工程成本的重要手段。进度控制内容包括在既定的工期内编制出最优的施工进度计划，在执行该计划的施工中，通过检查施工实际进度情况，并将其与计划进度对比，若出现偏差，需要分析产生的原因，判断对工期的影响程度，找出必要的调整措施，对原计划进行修改，这一过程不断循环，直至工程竣工验收的全过程。

2. 影响工程项目进度的因素

由于通信工程建设项目的特点，尤其是较大和复杂的线路工程项目工期长，影响进度的因素较多。编制计划和执行控制施工进度计划时，必须充分认识和估计这些因素，才能克服其影响，使施工进度尽可能按计划进行。当出现偏差时，应考虑有关影响因素，分析产生的原因，进行计划调整。其主要影响因素有如下几种。

（1）有关单位的影响

通信工程建设项目的承包单位对施工进度起决定性作用。但是建设单位、设计单位、材料设备供应商以及政府的有关主管部门都可能给施工某些方面造成困难而影响施工进度。其中设计单位图纸不及时、有错误以及有关部门对设计方案的变动是经常发生和影响最大的因素。材料和设备不能按期供应，或质量、规格不符合要求，均会引起施工停顿。资金不能保证也会使施工进度中断或速度减慢等。

（2）施工条件的变化

施工中工程地质条件和水文地质条件与勘察设计的不符，如地质断层、溶洞、地下障碍物、软弱地基以及恶劣的气候、暴雨、高温和洪水等都会对施工进度产生影响，造成临时停工或破坏。

（3）技术失误

承包单位采用技术措施不当，施工中会发生技术事故；应用新技术、新材料、新结构缺乏经验，不能保证施工质量，从而影响施工进度。

（4）施工组织管理不当

承包单位施工组织不当、流水施工安排不合理、劳动力和施工机械调配不当、施工平面设置不科学等将影响施工进度计划的执行。

（5）意外事件的出现

施工中如果出现意外的事件，如战争、严重自然灾害、火灾、重大工程事故、工人罢工等，都会影响施工进度计划。

3.4.2　进度控制的方法和措施

1. 工程项目进度控制的方法

（1）行政方法

用行政方法控制进度，上级单位及领导利用其行政地位和权力，通过发布进度指令，进行指导、协调、考核，利用激励、监督、督促等方式进行进度控制。

（2）经济方法

有关部门和单位通过经济手段对进度控制施加影响。主要有以下几种：一是通过投资的投放速度控制工程项目的实施进度，在承发包合同中写进有关工期和进度的条款；二是建设单位通过招标的进度优惠条件鼓励施工单位加快进度；三是建设单位通过工期提前奖励和延期罚款实施进度控制，通过物资的供应进行控制等，主要是通过激励措施来控制工程进度。

（3）管理技术方法

进度控制的管理技术方法主要是做好规划、控制和协调。规划是指确定工程项目总进度控制目标和分进度控制目标，并编制其进度计划。监理工程师根据通信工程项目的特点，结合参加工程建设各方的实力和素质，考虑工程的实际情况，对工程项目总进度计划控制目标、重点工程进度计划控制目标以及年度进度控制目标等进行规划。

（4）协调方法

协调是指协调与施工进度有关的单位、部门和工作班组之间的进度关系。在进度计划实施过程中，由于受多方因素的影响，有时会产生一些不协调的活动。为此，监理工程师应积极发挥公正的作用，及时处理和协调参与工程各方的关系，使进度计划顺利进行。

2. 工程项目进度控制的措施

（1）组织措施

主要是指落实各层次的进度控制的人员和具体任务。建立进度控制的组织系统，按施工项目的结构、进展的阶段或合同结构等进行项目分解，确定其进度目标，建立控制目标体系。确定进度控制工作制度，如检查时间、方法、协调会议时间、参加人等，对影响进度的因素进行分析和预测。

（2）技术措施

主要是采用加快施工进度的技术方法，审批承包单位各种加快施工进度的措施，向承包单位推荐先进、科学的技术手段。

（3）合同措施

与分包单位签定施工合同的合同工期要与有关进度计划目标相协调。利用监理合同赋予监理工程师的权力和承包合同规定可以采取的各种手段，督促承包单位按期完成进度计划。

（4）经济措施

是指实现进度计划的资金保证措施。按合同约定的时间对承包单位完成的工作量进行检查，核验并签发支付证书。督促建设单位及时支付监理工程师认可的款项。制订奖惩措施，对提前完成计划的予以奖励，对拖延工期的按有关规定给予经济处罚。

（5）信息管理措施

是指不断地收集施工实际进度的有关资料，进行整理统计与计划进度比较，定期地向建设单位提供比较报告。

3. 工程项目进度计划的表示方法

技术上，进度计划所采用的表示方法有工程进度图（横道图）控制法、工程进度曲线法、网络技术计划控制法等。

（1）工程进度图控制法

这种方法把计划绘制成横道图，明确地表示出各项工作的划分、工作的开始时间和完成时间、工作的持续时间、工作之间的相互搭接关系以及整个工程项目的开工时间、完工时间和总工期。在项目实施的过程中，可以直接在图上记录实际进度计划的进展情况，并与原计划进行对比、分析，找出偏差，采取相应的措施进行纠正。

（2）进度曲线控制法

进度曲线控制法是用横坐标表示时间进程，纵坐标表示工程计划累计完成的实际工程量而绘出的曲线。在计划执行过程中，在图上标注出工程实际的进展曲线，通过对比找出偏差进行分析，采取对策纠正。

（3）网络计划技术控制法

这种方法以编制的网络计划为基础，在图上记录计划的时间进展情况，通过计算和定性、定量的分析，可以确定项目中的关键线路和关键工作，计算各项工作的机动时间，表达出各项工作之间的逻辑关系，便于优化、调整，从而实施控制。自20世纪50年代末诞生以来，网络计划技术已得到迅速发展和广泛应用，是目前常用的进度计划表示方法。

4. 施工进度计划的检查与调整

在建设工程实施过程中，监理工程师应经常地、定期地对进度计划的执行进行跟踪检查，定期收集进度报表资料，检查工程进展情况。通过定期召开现场会议与施工进度计划执行的各方进行沟通。对采集的进度数据进行加工处理，并与计划进度数据进行对比分析。发现问题后，要及时采取措施加以解决。

3.4.3 监理在进度控制中的主要工作

以下以施工阶段进度控制为例。

1. 施工阶段进度控制的事前控制

施工阶段进度控制的事前控制的要点是审核承包单位的施工进度计划。在这一阶段，监理工程师的任务就是在满足工程项目建设总进度目标要求的基础上，根据工程特点，确定进度目标，明确各阶段进度控制任务。

（1）建立施工进度控制目标体系

为了保证工程项目能按期完成工程进度的预期目标，需要对施工总进度目标从不同角度层层分解，形成施工进度控制目标体系，从而作为进度控制的依据。

① 按项目组成分解，确定各单项工程开工和完工日期。各单项工程的进度目标在工程项目建设总进度计划及建设工程年度计划中都有体现，在施工阶段应进一步明确各单项工程的开工和完工日期，以确保施工总进度目标的实现。

② 按承包单位分解，明确分工条件和承包责任。当一个单项工程中有多个承包单位参加施工时，应按承包单位将单项工程的进度目标分解，确定出各分包单位的进度目标，列入分包合同，以便落实分包责任，并根据各专业工程交叉施工方案和前后衔接条件，明确不同承包单位工作面交接的条件和时间。

③ 按施工阶段分解，划定进度控制分界点。根据工程项目的特点，应将其施工分为几个阶段。每一阶段的起止时间都要有明确的标志。特别是不同单位承包的不同施工段之间，更要明确划定时间分界点，以此作为形象进度的控制标志，从而使单项工程完工目标具体化。

④ 按计划期分解，组织综合施工。将工程项目的施工进度控制目标按年度、季度、月（旬）进行分解，并用实物工程量或形象进度表示，将更有利于监理工程师明确对承包单位的进度要求，最终达到工程项目按期竣工的目的。

（2）施工阶段进度控制事前控制的具体措施

① 编制施工阶段进度控制工作细则。工作细则是针对具体的施工项目来编制的，是监理规划在内容上的进一步深化和补充，是施工阶段监理人员实施进度控制的一个指导性文件。由项目监理机构中进度控制部门的监理工程师负责编制。

② 编制或审核施工总进度计划。为了保证建设工程的施工任务按期完成，监理工程师必须审核承

包单位提交的施工进度计划。对于大型建设工程，由于单位工程较多、施工工期长，且采取分期分批发包又没有一个负责全部工程的总承包单位时，就需要监理工程师编制施工总进度计划；或者当建设工程由若干个承包单位平行承包时，监理工程师也有必要编制施工总进度计划。

③ 审核施工单位提交的施工进度计划。主要审核是否符合总工期控制目标的要求，审核施工进度计划与施工方案的协调性和合理性等。在进度计划中，监理工程师应着重解决承包单位施工进度计划之间、施工进度计划与资源（包括资金、设备、机具、材料及劳动力）保障计划之间及外部协作条件的延伸性计划之间的综合平衡与相互衔接问题。并根据上期计划的完成情况对本期计划作必要的调整，从而作为承包单位近期执行的指令性计划。

监理工程师应根据承包单位和建设单位双方关于工程开工的准备情况，选择合适的时机发布工程开工令。工程开工令的发布要尽可能及时，因为从发布工程开工令之日算起，加上合同工期后即为工程竣工日期。如果开工令发布拖延，就等于推迟了竣工时间，甚至可能引起承包单位的索赔。

2. 施工阶段进度控制的事中控制

（1）协助承包单位实施进度计划

监理工程师要随时了解施工进度计划执行过程中所存在的问题，并帮助承包单位予以解决，特别是承包单位无力解决的内外关系协调问题。建立反映工程实际进度的监理日志，逐日如实记载每日完成的形象进度及实物工程量。并详细记录影响工程进度（包括内部、外部、人为和自然等）各种因素。

（2）监督施工进度计划的实施

监理工程师不仅要及时检查承包单位报送的施工进度报表和分析资料，协助施工单位实施进度计划，随时注意施工进度计划的关键控制点，了解进度实施的动态。同时还要进行必要的现场实地检查，核实所报送的已完成项目的时间及工程量，杜绝虚报现象。

在对工程实际进度资料进行整理的基础上，监理工程师应将其与计划进度相比较，以判定实际进度是否出现偏差。如果出现进度偏差，监理工程师应进一步分析此偏差对进度控制目标的影响程度及其产生的原因，签发监理工程师通知单，督促承包单位采取调整措施。

（3）组织现场协调会

监理工程师应按月、按周定期组织召开不同层级的现场协调会议，以解决工程施工过程中的相互协调配合问题。在每月召开的高级协调会上通报通信工程项目建设的重大变更事项，协商其后果处理，解决各个承包单位之间以及建设单位业主与承包单位之间的重大协调配合问题。在每周召开的管理层协调会上，通报各自进度状况、存在的问题及下周的安排，解决施工中的相互协调配合问题。

对于某些未曾预料的突发变故或问题，监理工程师还可以通过发布紧急协调指令，督促有关单位采取应急措施维护施工的正常秩序。

（4）签发工程进度款支付凭证

监理工程师应对承包单位申报的已完分项工程量进行核实，在监理人员检查验收后，签发工程进度款支付凭证。

（5）审批工程延期

造成工程进度拖延的原因有两个方面：一是承包单位自身的原因；二是承包单位以外的原因。前者所造成的进度拖延称为工程延误；而后者所造成的进度拖延称为工程延期。监理工程师要根据具体情况区别处理。

3. 施工阶段进度控制的事后控制

（1）及时组织验收工作，以保证下一阶段施工的顺利开展

当单位工程达到竣工验收条件后，承包单位在自行预验的基础上提交工程竣工报验单，申请竣工验收。监理工程师在对竣工资料及工程实体进行全面检查、验收合格后，签署工程竣工报验单，并向建设单位业主提出质量评估报告。

（2）处理工程索赔与反索赔

监理工程师首先要查证提出索赔方依据的合同凭证，核实索赔的原因是否属实，并根据相关的标准和定额确定索赔费用的数量。

（3）根据实际施工进度，及时修改和调整进度计划及监理工作计划，以保证下一阶段工作的顺利开展

（4）制定保证总工期不突破的对策措施

审签承包单位制定的总工期突破后的补救措施。调整相应的施工计划、材料设备、资金供应计划等，在新的条件下组织新的协调和平衡。

（5）工程进度资料的管理

在工程完工以后，监理工程师应将工程进度资料收集起来，进行归类、编目和建档，以便为今后其他类似工程项目的进度控制提供参考。

（6）工程移交

监理工程师应督促承包单位办理工程移交手续，颁发工程移交证书。在工程移交后的保修期内，还要处理验收后质量问题的原因及责任等争议问题，并督促责任单位及时修理。当保修期结束且再无争议时，建设工程进度控制的任务即告结束。

本章小结

任何工程建设都有投资、进度和质量三大目标，这三大目标构成了建设工程的目标体系。建设工程监理的中心工作就是进行工程项目的目标控制。

（1）工程投资控制，就是在优化建设方案、设计方案的基础上，在建设工程的各个实施阶段，采取一定的方法和措施将工程投资控制在合理的范围内。项目监理机构在投资控制中的主要工作分为事前、事中和事后控制 3 个阶段，每个阶段的工作重点有所不同。事前主要做好施工组织设计和施工图预算的审查；事中要根据投资额采取有效措施排除各种干扰因素，减少工程变更，控制投资的支出；事后控制主要是要做好工程决算。

（2）通信工程质量有其特殊性，按形成过程，由各阶段的质量控制组成。事前应做好图纸会审和交底、质量管理体系、施工组织设计和各类人员资格审查工作。事中主要做好每个工序的完成过程、顺序、结果的检查和控制，做好变更和不合格工序处理，完善各种资料的记录。事后做好工程验收把关工作。

（3）进度控制是指在既定的工期内编制出最优的施工进度计划，通过检查施工实际进度与计划进度对比，排除各种影响因素，确保工程施工按期完成。控制的方法有行政方法、经济方法、管理技术方法等。进度控制的事前控制要点是审核承包单位的施工进度计划，根据工程特点，确定进度目标，明确各阶段进度控制任务。事中控制的要点是监督检查、分析纠偏，通过各种措施协助承包单位实施进度计划。事后控制的要点是对原计划中发生变化的项目进行调整和修改，及时组织验收工作。协调工作对保证进度控制起到显著的促进作用。

思考题

1. 通信工程造价由哪几个部分组成？
2. 监理工程师在投资控制中的重点工作是什么？
3. 通信工程质量的特点是什么？如何做好工程质量控制？
4. 什么情况下会产生工程变更？工程变更一定可以索赔吗？
5. 施工进度计划检查的方法有哪些？对检查的结果，监理工程师应如何处理？

第4章

通信工程监理的信息、合同和安全管理

本章提要

本章介绍了建设工程监理中的主要管理工作：合同管理、信息管理和安全管理。通过对本章的学习，读者应了解合同及建设工程合同的基本概念，熟悉合同管理的内容；了解建设工程信息管理的基本概念，熟悉建设工程信息管理的内容，掌握建设工程文件档案资料的管理工作；熟悉安全管理的基本概念，掌握建设工程安全监理的工作内容。并了解建设工程过程中的风险及防范措施，了解沟通协调在监理工作中的重要作用。

4.1 监理信息管理

4.1.1 监理信息管理概述

工程建设监理的信息管理是指在实施监理的过程中，监理工程师对所需要的建设工程信息进行收集、整理、存储、传递、应用等一系列工作的总称。建设工程信息是进行目标控制的基础，是处理索赔的依据，也是监理工程师协调各工程项目建设参与单位之间关系的纽带。全面、及时、准确地获得建设工程信息，认真做好信息管理工作，是监理实施工程中的一项重要工作内容。信息管理的目的就是通过有组织的信息流通，使决策者能及时准确地获得相应的信息。

《建设工程监理规范》明确提出总监理工程师负责制，并指明"监理信息的管理由总监理工程师负责"。监理信息必须及时整理、真实完整、分类有序，总监理工程师应指定专人具体实施监理信息的管理，在各阶段监理工作结束后及时整理归档。按照委托监理合同的约定，在设计阶段，监理工程师要对勘察、测绘、设计单位的工程文件的形成、积累和立卷归档进行监督、检查；在施工阶段，则要对施工单位的工程文件的形成、积累、立卷归档进行监督检查。

4.1.2　监理信息管理的要点

1. 建立监理机构内部责任制和工作制度

监理信息是在工程监理过程中逐步形成的。而整个工程监理过程环节繁杂，专业各异，不论是总监理工程师，还是专职信息员，仅仅依靠个人的力量是无法做好这项工作的。根据监理信息产生于监理过程的特点，要实行"谁监理、验收，谁负责"的监理信息管理原则。专业监理工程师负责本专业的原材料、分项工程的验收及有关监理信息（含附件）的收集汇总及整理，分部工程验收完毕，即应将完整、真实的监理信息交信息员验收归档。信息员负责监理信息的验收、分类整理。为了保证监理信息管理工作的有序进行，项目监理机构还应建立内部工作制度，确保监理信息的连续性、完整性。

2. 重视对施工信息的管理

监理信息管理要做到及时、真实、有序，在施工监理的全过程中，还必须重视对施工信息的管理。施工信息是施工过程的记录，是每一工序、分项、分部工程的实体质量合格文件。

施工信息也是日后施工单位质量责任的证据。施工单位有义务做好施工信息的管理。为了促使施工单位对施工信息管理的重视，在第一次工地例会上就要强调施工信息的重要性，要交待有关施工报验工作的程序和基本条件。特别在施工准备阶段，一定要严格把关，坚持报验必须信息先行，各项施工信息必须真实、合格的原则。

3. 加强与建设单位业主的沟通，争取业主的理解和支持

监理信息管理工作与其他监理工作一样需要加强与建设单位的沟通，争取业主的理解和支持。监理信息中的施工合同文件、勘察设计文件、施工图纸、设计变更、工程定位及标高信息、地下障碍物信息等都由业主提供。平时工作的来往信函、会议纪要、监理工作联系单等也和业主有关。工程计量和工程款支付、工期的延期、费用索赔等工作也要与业主沟通。对施工信息的严格要求也需要争取业主的理解和支持，否则工作很难开展，监理信息的管理工作就难以落实。

4. 充分发挥监理日志的作用

监理日志是逐日记录监理工作和施工活动的重要信息，内容涉及工程建设的方方面面，时间的连续性强，是监理工作的重要基础资料。

4.1.3　监理信息的分类

通信工程监理中具体的信息分类原则应根据工程特点制定，监理单位的技术管理部门可以提出本单位信息管理的基本原则，以体现出本单位的特色。一般有以下几种分类方式。

1. 按监理工作的阶段划分

（1）工程设计阶段；

（2）设备采购阶段；

（3）设备监造阶段；

（4）施工准备阶段；

（5）施工阶段；

（6）质量保修阶段。

2. 按监理工作的目标划分

（1）进度控制信息；

（2）质量控制信息；

（3）投资控制信息；

（4）合同管理及工程协调等相关信息。

3. 按信息产生的来源划分

（1）建设单位提供的信息；

（2）承包单位报送的信息；

（3）项目监理机构在监理过程中形成的信息。

4. 按信息的作用划分

（1）监理工作依据信息：如委托监理合同、施工承包合同、建设单位与第三方签定的与本工程有关的合同、勘察设计文件。

（2）监理工作法规：如各种工程定额、技术规范、工程有关的合同法、招投标法等法律、法规。

（3）监理工作中形成的信息：如各方来往函件、会议纪要；工程质量检验、调测报表；项目监理机构的各种工作制度、监理工程师通知、监理工作表格、隐蔽工程检查签认、质量检验评定信息、计量及支付信息、索赔及过程变更信息等。

5. 监理工作表格

（1）A 类表——施工单位用表

（A1）工程开工/复工报审表

本表由总监理工程师签发，用于工程项目开工及停工后恢复施工。承包单位认为具备相关条件后，连同相关信息一起向监理单位报审，如整个项目一次开工，只填报一次；如工程项目涉及多个单项工程，且开工时间不同，则每个单项工程开工时都应填报一次。

（A2）施工组织设计（方案）报审表

本表由监理工程师和总监理工程师签发，用于承包单位向监理单位报送施工组织设计方案。在施工过程中，如经批准的施工组织设计方案发生变化，监理单位要求承包单位将变更的方案报送时，也采用此表。要求承包单位对重点工序、关键工艺的施工方案、新工艺、新材料、新施工方法报审，也都可以采用此表。总监理工程师应组织审查并在约定的时间内核准，同时报送建设单位。

（A3）分包单位资格报审表

本表由承包单位报送监理单位，专业监理工程师和总监理工程师分别签署意见，审查批准后，分包单位有资格完成相应的施工任务。分包单位要附上专职管理人员和特种作业人员的资格证、上岗证。

（A4）报验申请表

本表是通用性较强的表，主要用于工程质量检查验收申报。用于隐蔽工程验收申报时，承包单位必须完成自检，提交相应工序和部位的工程质量检查证，提请监理人员确认。用于设备划线定位报验申请时，应附有承包单位的设备划线定位图；用于单项、单位工程质量检验评定报审时，应附有相关的质量检验的评定标准要求的信息及施工验收技术规范规定的表；用于其他方面的报验申请时，应附相关证明信息。

（A5）工程款支付申请表

本表用于承包单位完成的工程质量经过监理工程师认可后相关工程款的支付申请。表中附件是指和付款申请有关的证明文件和信息，其中，工程量清单是指本次付款申请中已完成合格工程的工程量清单。专业监理工程师对本表和附件进行审核，注明应付的款额和计算方法，报总监理工程师审批，审批结果以"工程款支付证书"批复给施工单位并通知建设单位。如不同意要注明理由。

（A6）监理工程师通知回复单

本表用于对"监理工程师通知单"的回应。表中应对监理工程师通知单中所提出的问题产生的原因、整改经过和今后预防同类问题准备采取的措施进行详细的说明。承包单位在完成了监理工程师通知单上的工作后，报请监理单位核查，签署意见。监理工程师通知回复单一般由专业监理工程师签认，重大问题由总监理工程师签认。

（A7）工程临时延期申请表

当发生工程延期事件时，承包单位填写本表，向工程监理单位申请工程临时延期，表中应详细说明工程延期的依据、工期计算、申请延长竣工日期，并附有证明材料。工程延期事件结束后，承包单位也使用本表向监理单位最终申请工程延期的天数和延期后的竣工日期，这时，要将表头上的"临时"改为"最终"。

（A8）费用索赔申请表

本表用于承包单位向监理单位提出费用索赔申请。费用索赔事件结束后，承包单位要在本表中详细说明索赔事件的经过、索赔理由、索赔金额的计算方法等，并附上必要的证明材料，由工程项目经理签字后提交监理单位审核。

（A9）工程材料/构配件/设备报审表

进入施工现场的工程材料/构配件/设备经自检(大中型设备要会同监理单位共同开箱验收)合格后，由承包单位工程项目经理签字，通过本表向项目监理单位申请验收。随表同时报送工程材料/构配件/设备数量清单、质量证明文件（产品出厂合格证、材质化验单、厂家质量检验报告、厂家质量保证书、进口商品海关报验证书、商检证等）以及自检报告。监理工程师签认后移交给施工承包单位，如不签认，则应清退出场。

（A10）工程竣工报验单

单位工程竣工，承包单位自检合格后，备齐用于证明工程已按合同约定完成并符合竣工验收要求的信息，承包单位以此表向监理单位申请竣工验收。总监理工程师应组织各专业监理工程师对竣工信息和工程质量进行检查，合格后签署本表，向建设单位提出质量评估报告，完成竣工预验收。否则要督促承包单位整改。

（2）B类表——监理单位用表

（B1）监理工程师通知单

本表为重要的监理用表。在监理工作中，监理单位按委托监理合同授予的权限对承包单位发出指令、提出要求，均使用本表。监理工程师现场发出的口头指令及要求，事后也应使用此表予以确认。本表一般由专业监理工程师签发，但发出前必须经总监理工程师同意，重大问题由总监理工程师签发监理工程师通知单。

（B2）工程暂停令

建设单位要求且工程需要暂停施工；出现工程质量问题，必须停工处理；出现质量或安全隐患，为避免造成工程质量损失或危及人身安全而需要停工；承包单位未经许可擅自施工或拒绝项目监理机构管理；发生了必须暂停施工的紧急事件。以上5种情况之一发生时，总监理工程师与建设单位协商一致后可签发本表，要求承包单位暂停施工。表内必须注明工程暂停的原因、范围、停工期间应进行的工作及责任人、复工条件等。

（B3）工程款支付证明书

本表是监理单位对承包单位报送的"工程款支付申请表"的批复用表。"工程款支付申请表"经总监理工程师审核签认后，通过填写"工程款支付证明书"批复给承包单位，随表应附承包单位报送的"工程款支付申请表"及其附件。

（B4）工程临时延期审批表

本表用于对"工程临时延期申请表（A7）"的批复，由总监理工程师签发，如同意，还要征求建设单位的意见才能签发。表中应注明同意或不同意工程临时延期的理由和依据，以及在工程延期时承包单位应向监理单位补充的信息和资料。

（B5）工程最终延期审批表

本表同样是对"工程临时延期申请表（A7）"的批复，适用于工程延期事件结束，收到承包单位补充的有关资料后，向承包单位下达的最终是否同意工程延期日数的批复。由总监理工程师签发，但事先应征求建设单位的同意。

（B6）费用索赔审批表

本表用于对承包单位报送的"费用索赔申请表（A8）"的回复。表中应详细注明同意或不同意此项索赔的理由，同意索赔时支付的金额和计算方法，同时要附上相关的资料。专业监理工程师审核后，由总监理工程师与建设单位、承包单位协商一致以后才可签发。

（3）C类表——参与工程各方工作通用表格

（C1）监理工作联系表

本表为在施工实施过程中与施工合同有关各方进行工作联系时的用表。若合同附录中有专用表时，应采用专用表，否则采用本表。有权签发本表的人员是：建设单位的现场代表、承包单位的项目经理、设计单位的本工程设计负责人、本工程的监理工程师以及负责本工程监督的政府质量监督部门监督师。

（C2）工程变更单

本表在参与工程建设的建设、施工、设计、监理各方提出工程变更时使用。表中的附件应包括工程变更的提出单位做的变更依据、详细内容、对工程造价及工期影响程度、对工程项目功能和安全的影响分析及必要的图示。总监理工程师收到"工程变更单"，要指派专业监理工程师收集资料，与相关各方协商一致后，由建设单位代表、设计单位代表和总监理工程师共同签字确认，工程变更才生效。

除了以上3类表格外，在实际工作中，各监理企业根据自身情况，从方便工作和规范运作出发，制定了部分工作用表。

以上分类取决于不同的用途，在实际工作中，一般是几种分类的组合。如先按时间分成大类，每一大类再按控制目标分项，每一项内按信息作用分成子项，每一子项按信息来源分成子目。

4.1.4　工程建设监理信息的管理

1. 监理信息的质量要求和立卷编号

监理信息的整理和组卷应遵循《建设工程文件归档整理规范》（GB/T 50328-2001）国家标准，涉及的技术信息和图纸还要按照《科学技术档案案卷构成的一般要求》（GB/T 11822-2000）、《技术制图复制图的折叠方法》（GB 10609.3-89），同时还要参照《城市建设档案案卷质量规定》以及各地方相应的规范。

（1）归档的监理信息质量要求

① 归档的监理信息文档一般应是原件。

② 监理信息文档的内容及其深度必须符合国家有关工程勘察、设计、施工和监理等方面的技术规范、标准和规程。

③ 监理信息文档的内容必须真实、准确，与工程实际相符合。

④ 监理信息文档应使用耐久性强的书写材料，如碳素墨水、蓝黑墨水，不得使用易褪色的书写材料。

⑤ 监理信息文档应字迹清楚，图样清晰，图表整洁，签字盖章手续完备。

⑥ 监理信息文档中文字材料幅面尺寸为 A4 幅面，图纸应采用国家标准图幅。

⑦ 不同图幅的图纸统一折叠成 A4 幅面，图标栏露在外面。

⑧ 监理信息文档中的照片及声像材料要求图像清晰，声音清楚。

（2）监理信息的立卷编号

监理信息的立卷应按照文件自然形成的规律，一个工程由多个单位工程组成时，可按单位工程、分部工程组卷，或按专业、分阶段组卷；不同载体的文件应该分别组卷，案卷内不应有重份文件。一般采用的方法如下。

① 信息文件的编号。信息文件按有书写内容的页面编号，单页书写的文字在右下脚，双面书写的，正面在右下脚，背面在左下脚。折叠的图纸一律在右下脚。

② 信息文件的排列。

a. 每卷按封面、卷内目录、卷内文件、卷内备考表装订。

b. 文字材料按事项、专业顺序排列。同一事项的请示与批复，同一文件的印本与定稿、主件与附件不能分开，并按批复在前、请示在后，印本在前、定稿在后，主件在前、附件在后的顺序排列。

c. 既有文字材料又有图纸的案卷，文字材料排在前面，图纸排在后面。

d. 图纸按专业排列，同专业图纸按图号排列。

③ 监理信息的移交。监理信息的移交一般应在委托监理合同中约定。施工合同文件、勘察设计文件是施工阶段监理工作的依据，由建设单位无偿提供给监理单位在监理过程中使用，监理工作结束时交回建设单位。在监理工作过程中，与工程质量有关的隐蔽工程检查验收信息、工程项目质量评定信息、材料设备的试验测试信息，由承包单位报送监理工程师签字确认后，随时提交给建设单位。监理单位对工程控制的信息，如监理通知、协调纪要、重大事件处理、监理周/月/年报也应该按时报送建设单位。监理工作结束后，监理单位向建设单位提交监理工作总结。

2. 监理资料的管理

监理资料管理的主要内容包括：监理文件档案资料收、发文与登记；监理文件档案资料传阅与登记；监理文件档案资料分类存放；监理文件档案资料归档、借阅、更改与作废等。监理资料归档要求见表4-1。

表 4-1　　　　　　　　　　监理文件档案资料归档情况

监理资料			城建档案部门	监理单位保存		建设单位保存		
				长期	短期	永久	长期	短期
01	监理指导性文件	01	监理规划	√		√		√	
		02	监理实施细则	√		√		√	
		03	项目部总控制计划			√		√	

续表

监理资料			城建档案部门	监理单位保存		建设单位保存		
				长期	短期	永久	长期	短期
02	监理月报	04	有关质量问题	√	√			√	
03	监理会议纪要	05	有关质量问题	√	√			√	
04	进度控制	06	工程开工/复工审批表	√	√			√	
		07	工程开工/复工暂停令	√	√			√	
05	质量控制	08	不合格项目通知	√	√			√	
		09	质量事故报告及处理意见	√	√			√	
06	造价控制	10	预付款报审与支付						√
		11	月付款报审与支付						√
		12	设计变更、洽商费用报审与签认					√	
		13	工程竣工决算审核意见书	√				√	
07	分包资质	14	分包单位资质材料					√	
		15	供货单位资质材料					√	
		16	试验单位资质材料					√	
08	监理通知	17	有关进度控制的监理通知			√		√	
		18	有关质量控制的监理通知			√		√	
		19	有关造价控制的监理通知			√			
09	合同与其他事项管理	20	工程延期报告及审批	√	√		√	√	
		21	费用索赔报告及审批		√			√	
		22	合同争议、违约报告及处理意见	√	√		√	√	
		23	合同变更材料		√			√	
10	监理工作总结	24	专题总结			√		√	
		25	月报总结			√		√	
		26	工程竣工总结		√			√	
		27	质量评估报告	√	√			√	

4.2　监理合同管理

4.2.1　监理合同管理概述

1. 合同

合同，又称契约，它是平等主体的自然人、法人、其他组织之间设立、变更、终止民事权利义务关系的协议。合同作为一种法律手段，是法律规范在具体问题中的应用方式，签订合同属于一种法律行为，依法签订的合同具有法律约束力。

2. 合同管理

合同管理制度是我国按照社会主义市场经济的原则和现代企业制度进行工程管理而建立的一项重要制度。建设工程合同管理涉及监理（咨询）、金融、设计、施工等单位和机构，从始至终也贯穿了工程建设的各个阶段。因此，以合同为工作依据的监理人员学习合同管理知识就显得尤为重要。

3. 监理合同管理

监理合同管理是指监理工程师在工程建设监理过程中，根据监理合同的要求，对建设工程承包合同的签订、履行、变更和解除进行监督检查，对合同双方的争议进行调解和处理，以保证合同的依法签订和全面履行所进行的一系列活动。

4. 通信工程建设合同管理的范围

通信工程建设单位与各参建单位签订各类合同作为契约，规范了各参建单位在建设中的行为，更明确了各方的"责、权、利"。在通信工程项目建设中，合同管理主要用于处理项目利益相关各方的关系，包括以下关系。

（1）通信工程建设活动中的行政管理关系

通信工程建设活动是社会经济发展中的重大活动，同社会发展息息相关。国家对此类活动必然要进行严格而有效的管理。

① 由于机构改革、政企分开以后，通信行业主管部门的政府职能有所转变，由原来的对邮电系统的管理转变为对全社会的通信行业的管理，实行宏观调控。工业与信息化部和通信管理局与通信企业的关系由原来直属单位、上下级的关系转变为行业管理关系，由原来的多层次、逐级管理转变为针对法人单位的直接管理。

② 参与通信建设的各方主体包括建设单位，设计、施工、监理、咨询、系统集成、招投标代理单位，均应根据国家有关法律法规及各项规章制度的规定和要求，积极主动地接受通信管理机构的行业管理。

（2）建设活动中的经济协作关系

在各项通信工程建设活动中，各种经济主体为了自身的生产和生活需要，或为了实现一定的经济利益和目的，必然寻求协作伙伴，随即发生相互间的协作经济关系。参与通信建设的各方面主体，如投资主体（建设单位）同勘察设计单位、建设施工单位、工程监理公司、工程咨询公司、系统集成公司、招标投标代理等单位之间的关系需要通过合同进行管理。

（3）建设活动中的民事关系

建设活动中的民事关系指因从事通信工程建设活动而产生的国家、单位法人、公民之间的民事权利、义务关系。主要包括：在通信工程建设活动中发生的有关自然人的损害、侵权、赔偿关系，土地征用、房屋拆迁导致的拆迁安置关系等。通信工程建设活动中的民事关系既涉及国家社会利益，又关系着个人的利益和自由，因此必须按照民法和建设法规中的民事法律规范予以调整，通过合同来落实。

5. 通信建设工程合同的种类

（1）咨询（监理）合同，即业主与咨询（监理）公司签订的合同。聘请咨询（监理）公司负责工程的可行性研究、设计监理、招标和在施工阶段的监理等工作。

（2）勘察设计合同，即业主与勘察设计单位签订的合同。指定相关的勘察设计单位负责工程的地质勘察和技术设计工作。

（3）供应（采购）合同，对由业主负责提供的材料和设备的建设项目，业主必须与有关的材料和设备供应单位签订供应（采购）合同。

（4）工程施工合同，即业主与工程承包商签订的施工合同。可以由一个或几个承包商承包或分别承包土建、机械安装、电气安装、装饰、通信等工程施工。

（5）贷款合同，即业主与金融机构签订的合同。后者向业主提供资金保证。按照资金来源不同，又分为贷款合同、合资合同或 BOT 合同等。

4.2.2　建设工程施工合同

建设工程施工合同是发包人和承包人为完成商定的建设工程任务，明确相互权利和义务关系的协议。这一协议所涉及的权利和义务主要是承包人应完成一定的建设工程任务，发包人应提供必要的施工条件并支付工程价款。

《建设工程施工合同》（示范文本 GF—1999-0201）由 4 个部分组成：第一部分是合同协议书；第二部分是合同通用条款；第三部分为合同专用条款；第四部分是附件。

1. 合同协议书

协议书是工程发包人与承包人在平等、自愿、公平和诚实信用的原则下，双方就本建设工程施工事项协商一致后订立的合同。主要描述工程概况、工程承包范围，对合同工期、质量标准、合同价款进行约定。

2. 通用条款

通用条款是本施工合同的主体，总共 11 项 47 条，每条有若干款，个别款中尚有细目作进一步说明。通用条款包罗全面、完整，并借鉴了国际上一些通行的施工合同文本，故又俗称为中国的 FIDIC。

通用条款是建设工程施工中必须遵照执行的国家法规。故无论是发包人、承包人、监理人还是其他相关的人员，都必须认真学习，坚决贯彻。

3. 专用条款

专用条款是发包人与承包人签订施工合同时对通用条款 11 项分部中的某些条款或细目，由双方达成一致后所做的补充，或对具体时间、金额的详细说明。填完后的专用条款作为本合同组成文件，双方共同遵守执行。故双方在填写专用条款时应认真、严肃，并反复校核，不得有丝毫差错。

4. 附件

《建设工程施工合同》（示范文本 GF—1999-0201）尚有以下 3 个附件。

① 附件 1：承包人承揽工程项目一览表；

② 附件 2：发包人供应材料设备一览表；

③ 附件 3：工程质量保修书。

需要强调的是，附件也是合同的组成文件，具有法律效力。

4.2.3　监理机构在合同管理中的作用

1.　协助、参与业主确定本建设项目的合同结构

合同结构是指合同的框架、主要部分和条款，包括勘察合同、设计合同、施工合同、加工合同、材料和设备订购合同、运输合同等。

2.　协助业主起草合同及参与合同谈判

参加上述建设合同在签订前的谈判和合同初稿的拟定，以供业主决策。在订立合同的过程中，要按条款逐条分析，如果发现有对本方产生较大风险的条款，要相应地增加抵御的条款。要详细分析与业主有关、与总包有关、与分包有关、与工程检查有关、与工期有关的那些条款等，分门别类地分析各自的责任和相互关系，做到一清二楚，心中有数。

3.　合同的实施管理和检查

在建设项目实施阶段，对上述合同的履行进行监控、检查和管理。建立合同数据档案，把合同条款分门别类地归纳起来，将它们存放在计算机中，以便于检索。通过图表使合同中的各个程序具体化，包括试验数据、质量控制、工程移交手续等，使当事人清晰地明白合同中特殊条款的各方职责。把合同中的时间、工作、成本（投资）用网络形式表达，形成合同网络系统，使合同的时间概念、逻辑关系更明确，便于监督实施。检查解释双方来往的信函与文件，以及会议记录、业主指示等，因为这些内容对合同管理是非常重要的。

4.　处理合同纠纷和索赔

协助业主和秉公处理建设工程各阶段中产生的索赔；参与协商、调解、仲裁甚至法院解决合同的纠纷。

4.2.4　监理机构对合同争议和违约的调解工作

1.　监理机构对合同争议的调解工作

合同争议是指合同当事人在合同履行过程中所产生的有关权利义务的纠纷。在合同履行过程中，由于各种原因，当事人之间产生争议是不可避免的。争议产生后如不及时解决，当事人订立合同的目的就无法实现。监理机构接到合同争议的调解要求后，应进行以下工作。

（1）及时指派监理人员了解合同争议的全部情况，包括进行调查和取证。

（2）及时与合同争议的双方进行磋商。

（3）提出调解方案，由总监理工程师组织双方进行争议调解。在总监理工程师签发合同争议处理意见后，建设单位或承包单位在施工合同规定的期限内未对合同争议处理决定提出异议，在符合施工合同的前提下，此意见成为最后的决定，双方必须执行。

（4）当调解未能达成一致时，总监理工程师应在施工合同规定的期限内提出处理该合同争议的意见。

（5）在合同争议的仲裁或诉讼过程中，项目监理机构接到仲裁机关或法院要求提供有关证据的通知后，应公正地向仲裁机关或法院提供与争议有关的证据。在争议调解过程中，除已达到了施工合同规定的暂停履行合同的条件之外，项目监理机构应要求合同的双方继续履行施工合同，保持施工连续，保护好已完工程。只有出现下列情况时，当事人方可停止履行合同：

① 单方违约导致合同确已无法履行，双方协议停止履行合同；
② 调解要求停止履行合同，且为双方接受；
③ 仲裁机关要求停止履行合同；
④ 法院要求停止履行合同。

2. 监理机构对合同违约的调解工作

违约指当事人任何一方不能履行或者履行合同不符合约定的行为。其表现形式包括不履行和不适当履行两种，违约方均应承担相应的法律责任。当事人一方明确表示或者以自己的行为表明不履行合同的义务，对方可以在履行期限届满之前要求其承担违约责任。监理工程师在监理实施过程中必须公正处理。

（1）建设单位违约情况

当建设单位违约导致施工合同最终解除时，项目监理工程师应就承包单位按施工合同规定应得到的款项与建设单位和承包单位进行协商，并应按施工合同的规定从下列应得的款项中确定承包单位应得到的全部款项，并书面通知建设单位和承包单位：
① 承包单位已完成的工程量表中所列的各项工作所应得的款项；
② 按批准的采购计划订购工程材料、设备、构配件的款项；
③ 承包单位撤离施工设备至原基地或其他目的地的合理费用；
④ 承包单位所有人员的合理遣返费用；
⑤ 合理的利润补偿；
⑥ 施工合同规定的建设单位应支付的违约金。

（2）承包单位违约情况

由于承包单位违约导致施工合同最终解除时，监理工程师应按下列程序清理承包单位的应得款项，或偿还建设单位的相关款项，并书面通知建设单位和承包单位：
① 施工合同终止时，清理承包单位已按施工合同规定实际完成的工作所应得的款项和已经得到支付的款项；
② 施工现场余留的材料、设备及临时工程的价值；
③ 对已完工程进行检查和验收，移交工程资料、该部分工程的清理、质量缺陷修复等所需的费用；
④ 施工合同规定的承包单位应支付的违约金；
⑤ 总监理工程师按照施工合同的规定，在与建设单位和承包单位协商后，书面提交承包单位应得款项或偿还建设单位款项的证明。

（3）其他情形

由于不可抗力或非建设单位、承包单位原因导致施工合同终止时，监理工程师应按施工合同规定处理合同解除后的有关事宜。

4.3 监理安全管理

4.3.1 监理安全管理内涵

建设工程监理安全管理，简称安全监理，包括以下几个方面的内涵。

（1）安全监理是社会化、专业化的工程监理单位受建设单位（或业主）的委托和授权，依据法律、法规、已批准的工程项目建设文件、监理合同以及其他建设工程合同对工程建设实施阶段安全生产的监督管理。

安全监理包括对工程建设中的人、机、物、环境及施工全过程的安全生产进行监督管理，并采取组织、技术、经济和合同措施，保证建设行为符合国家安全生产、劳动保护法律法规和有关政策，有效地控制建设工程安全风险在允许的范围内，以确保施工安全性。安全监理属于委托性的安全服务。

（2）安全监理是工程建设监理的重要组成部分，也是建设工程安全生产管理的重要保障。安全监理是提高施工现场安全管理水平的有效方法，也是建设工程项目管理体制中加强安全管理、控制重大伤亡事故的一种新模式。

（3）安全监理应遵守安全生产"谁主管谁负责"的原则，监理企业实施安全监理并不减免建设单位、勘察设计单位和承包单位的安全责任。

（4）安全监理应坚持"安全第一，预防为主"的方针和"以人为本，防微杜渐"的管理原则。

根据 2004 年 2 月 1 日起施行的《建设工程安全生产管理条例》，建设单位、勘察单位、设计单位、施工单位、工程监理单位及其他与建设工程安全生产有关的单位必须遵守安全生产法律、法规的规定，保证建设工程安全生产，依法承担建设工程安全生产责任。

4.3.2　监理安全管理措施

1. 开工前的安全监理措施

（1）设计会审中，着重审核安全内容。设计应充分考虑工程的安全问题，并提出解决方法，使工程安全风险得到有效的预控。如果设计文件中未提及安全内容，监理人员需要在会审中提出，要求设计文件补充说明。

（2）监理内部安全培训教育。在项目工程开工前，项目负责人必须针对该项目工程的特点及实际情况，组织参与该项目工程的所有监理人员进行项目安全培训教育，向各监理人员明确相关安全注意事项，特别是重点要求监理人员现场监理时不得随意触摸、操作机房内任意设备设施。并针对以上培训情况在安全工作记录本中记录。

（3）监理单位应主动在开工前向工程主管人员索要建设单位相关安全管理规定、机房安全管理办法、应急故障处理流程等文件，并将收集的资料发给各参建单位，同时要求各参建单位组织全部入场人员进行培训学习，以便尽快熟悉掌握。

（4）各参建单位尤其是施工单位负责人员需在开工前认真组织本期工程所有人员进行培训学习，充分熟悉本公司所有的安全生产规定，同时强调现场施工的规范性、纪律性，确保安全文明施工。

（5）在项目工程开工前，对施工单位的安全措施进行审核。监理工程师必须根据项目工程实际情况及时严格审核施工单位提交的《施工组织设计（方案）》。《施工组织设计（方案）》必须包括以下内容，并能满足工程需要：A. 施工单位的安全管理制度；B. 施工项目部安全组织架构。C. 施工人员各类资质证书（高空作业证、电工证、电焊证等）。如果以上所需内容中的任何一项不能满足要求，要在《施工组织设计（方案）报审表》的"专业监理工程师审查意见"中说明，对未提交《施工组织设计（方案）》或其中安全方案不符合要求的，不能同意该施工组织设计（方案）实施，不能签发该工程开工报审表，以减少安全风险的发生。

（6）在项目工程开工前，监督施工单位安全措施的实施。监理工程师必须认真督促检查施工单位按照《施工组织设计（方案）》落实安全交底的情况，并要求施工单位把其内部的《安全交底记录》抄报监理方。若开工后 7 天仍然不提供《安全交底记录》的，发监理工程师通知催交，情节严重影响工程安全实施的，报总监后，可要求其停工。

2. 施工现场的安全监理措施

（1）加强工程施工现场的安全巡检，最大限度地杜绝施工现场的安全事故，保证工程项目的安全、顺利实施，施工单位的专职安全员是工程施工现场安全巡检制度的主要执行人。

（2）工程施工现场安全巡检范围须涵盖负责的各项工程项目，包括配套走线槽等安装工程、数据安装工程、新技术安装工程、传输安装工程、电源安装工程以及各类整改搬迁拆除工程等。

（3）工程施工现场安全巡检的检查内容包括消防设计状况、施工期间消防处理措施、"明火"动火作业情况、施工防火措施、机房出入证情况、电源电线合理使用情况、高空作业安全措施落实情况、安全文明施工情况、施工安全员及监理人员是否在场情况等。

（4）消防设备状况检查。应在施工现场检查是否按照消防规范配备足够数量的各种适当的消防器材和防护用具，检查是否按规定准时对各种消防器材进行保养和维护，检查现场消防系统是否可以正常使用。

（5）"明火"动火作业情况。主要检查是否有需要"明火"动火的情况，检查是否有相关部门的"动火许可证"，检查动火时，是否严格按照本公司的规定有监理人员在场监护并落实必要的防护措施。

（6）施工防火措施主要检查现场施工人员是否有防火的意识，检查现场施工人员是否掌握灭火常识和消防器械的正确使用，检查现场施工是否有防火措施和应急救火措施。

3. 硬件安装阶段的安全监理措施

（1）工程单位在施工期间须佩戴进房许可证、临时出入证，同时张挂施工牌。

（2）监理单位组织设计单位、施工单位以及设备厂家进行施工前的现场交底工作，核查施工条件是否具备、电气方面是否满足本期工程要求，针对新建机房的情况，还需认真分析机房装修是否符合要求。

（3）设备厂家及施工单位在进行设备搬运的过程中，注意在现网机房的安全，设备搬运后设备厂家及施工单位需及时清理纸箱和泡沫，确保机房安全。

（4）对于设备的下电和拆除，必须得到工程管理人员的确认，并有详细的计划和步骤。

（5）施工单位要按照厂家的安装规范和设计文件的要求进行施工，对质量检查和验收中发现的问题及时整改，保证施工质量。

（6）施工单位在每天施工完毕后，应及时清理机房现场，保证机房清洁。

4. 软件调测阶段的安全监理措施

（1）软件调测施工人员需要对建设单位网络情况有足够了解，按照有关标准进行施工，避免数据错误。

（2）进行可能影响设备运行的操作前，必须取得工程管理人员的同意。

（3）对软件升级等对网络有影响的软件调测施工，施工单位必须事先制定操作流程、具体操作步骤及其操作人、责任人、应急处理方案以及远程技术支持人员联系名单等，工程主管人员应召开工程协调会议，明确各参建单位职责与分工，强化安全生产意识，并经过监理单位审核通过后，原则上应在晚上网络流量率低时进行该项工作。

（4）在每次软件调测前，应先通知监控人员，在经由监控值班人员同意后，方可开始进行软件调测。

（5）在每次软件调测工作完成后，应通知监控部门，由监控人员确认网络运行正常后方可离开。

（6）禁止未经入网许可的产品和软件入网。施工单位在本项目实施过程中安装、使用的各种软件和调测工具需符合知识产权保护方面的法律、法规。

（7）软件和局数据修改必须经维护部门同意后方可进行，并进行详细记录。

（8）工程完工后，应及时清理工程余料，确保机房整洁与安全。

5．工程验收阶段的安全监理措施

（1）参加验收的各方人员必须提高安全意识，行车要遵守交通规则，严禁超速或酒后驾驶，在验收准备会议中及时提出相关注意事项，消除安全隐患。

（2）登高作业严格按照安全规范执行，登高作业的人员必须持登高作业证，佩备安全帽和双安全带。

（3）进出人手井、地下室前，必须做好防毒、通风、用火、用电安全等预防工作。在进入人手井、地下室时，要佩戴防毒面具，用火、用电要采取有效保护措施，有关验收人员不得单独进入人手井、地下室。

（4）电气性能测试要注意用电安全，须由专业人员操作，同时注意对原有线路进行保护，发现问题时，在验收准备会议中要及时提出。

4.4　风险管理概述

4.4.1　风险概述

风险有以下两种定义：第一种，风险就是与出现损失有关的不确定性；第二种，风险就是在给定情况下和特定时间内，可能发生的实际结果与预期结果之间的差异。

产生或增加损失概率和损失程度的条件或因素称为风险因素，是风险事件发生的潜在原因，是造成损失的内在或间接原因。造成损失的偶发事件称为风险事件，是造成损失的外在原因或直接原因。而损失是指非故意的、非计划的和非预期的经济价值的减少，一般可分为直接损失和间接损失两种，也可以分为直接损失、间接损失和隐蔽损失 3 种。风险因素引发风险事件，风险事件导致损失，而损失会引起实际结果与预期结果之间的差异，这种由损失所形成的结果就是风险。

4.4.2　建设工程风险识别

1．风险识别的特点

风险识别是风险管理的基础，其结果是建立建设工程风险清单。风险识别有以下几个特点。

（1）个别性

不同类型建设工程的风险不同，而同一建设工程如果建造地点不同，其风险也不同；即使是建造地点确定的建设工程，如果由不同的承包人承建，其风险也不同。

（2）主观性

风险识别都是由人来完成的，由于个人的专业知识水平（包括风险管理方面的知识）、实践经验等方面的差异，同一风险由不同的人识别的结果就会有较大的差异。

（3）复杂性

建设工程所涉及的风险因素和风险事件均很多，而且关系复杂、相互影响，这给风险识别带来很强的复杂性。

（4）不确定性

这一特点可以说是主观性和复杂性的结果。

2. 风险识别的原则

在风险识别过程中，应遵循以下原则。

（1）由粗及细，由细及粗

由粗及细是指对风险因素进行全面分析，并通过多种途径对工程风险进行分解，逐渐细化，获得对工程风险的广泛认识，从而得到工程初始风险清单。而由细及粗是指从工程初始风险清单的众多风险中，根据同类建设工程的经验以及对拟建建设工程具体情况的分析和风险调查，确定那些对建设工程目标实现有较大影响的工程风险，作为主要风险，即作为风险评价以及风险对策决策的主要对象。

（2）严格界定风险内涵并考虑风险因素之间的相关性

对各种风险的内涵要严格加以界定，不要出现重复和交叉现象。另外，还要尽可能考虑各种风险因素之间的相关性，如主次关系、因果关系、互斥关系、正相关关系、负相关关系等。

（3）先怀疑，后排除

对于所遇到的问题，都要考虑其是否存在不确定性，不要轻易否定或排除某些风险，要通过认真地分析进行确认或排除。

（4）排除与确认并重

对于肯定可以排除和肯定可以确认的风险，应尽早予以排除和确认。对于一时既不能排除又不能确认的风险，再做进一步的分析，予以排除或确认。最后，对于肯定不能排除但又不能肯定予以确认的风险按确认考虑。

（5）必要时，可做试验论证

3. 风险识别的方法

通过识别生产经营活动中存在的危险和有害因素，并运用定性或定量的统计分析方法，确定其风险严重程度，进而确定风险控制的优先顺序和风险控制措施，以达到改善安全生产环境、减少和杜绝安全生产事故的目标。建设工程风险识别的方法主要有专家调查法、财务报表法、流程图法、初始清单法、经验数据法和风险调查法。前 3 种方法为风险识别的一般方法，后 3 种方法为建设工程风险识别的具体方法。

（1）专家调查法

这种方法又有两种方式：一种是召集有关专家开会（头脑风暴法），让专家各抒己见，充分发表意见，起到集思广益的作用；另一种是采用问卷式调查（德尔菲法），各专家不知道其他专家的意见。采用专家调查法时，所提出的问题应具有指导性和代表性，并具有一定的深度，还应尽可能具体些。

（2）财务报表法

财务报表有助于确定一个特定企业或特定的建设工程可能遭受哪些损失以及在何种情况下遭受这些损失。通过分析资产负债表、现金流量表、营业报表及有关补充资料，可以识别企业当前的所有资产、责任及人身损失风险。将这些报表与财务预测、预算结合起来，可以发现企业或建设工程未来的风险。

（3）流程图法

将一项特定的生产或经营活动按步骤或阶段顺序以若干个模块形式组成一个流程图系列，在每个模块中都标出各种潜在的风险因素或风险事件，从而给决策者一个清晰的总体印象。由于流程图的篇幅限制，采用这种方法所得到的风险识别结果较粗。

（4）初始清单法

使用该方法，常规途径是采用保险公司或风险管理学会公布的潜在损失一览表，即任何企业或工程都可能发生的所有损失一览表。以此为基础，风险管理人员再结合本企业或某项工程所面临的潜在损失，对一览表中的损失予以具体化，从而建立特定工程的风险一览表。通过适当的风险分解方式来识别风险是建立建设工程初始风险清单的有效途径。

（5）经验数据法

经验数据法也称为统计资料法，即根据已建各类建设工程与风险有关的统计资料来识别拟建建设工程的风险。

4.4.3　风险评价

在通信工程建设中，企业应依据风险评价准则选定合适的评价方法，定期、及时地对作业活动和设备设施进行危险、有害因素识别和风险评价。在进行风险评价时，应从影响人、财产和环境 3 个方面的可能性和严重程度分析。企业各级管理人员应参与风险评价工作，鼓励从业人员积极参与风险评价和风险控制。

在具体的通信工程实施时，施工单位负责在每个施工环节前向监理单位提供环节实施的准确时点和风险信息，监理单位负责整个工程项目施工的风险监测和现场管控，审定各个环节的风险等级，确保工程实施的安全。不同的企业可以根据自身业务情况，对风险评价等级进行具体细化。一般的风险等级可以分为 A、B、C、D 四级。

（1）施工环节属于以下情况之一的，可以定为 A 级。

① 施工中存在可能发生火灾、爆炸、坍塌等事故；

② 施工中包含在电信枢纽机楼、核心机楼实施网络设备、业务平台、支撑系统等重要设备的割接、加电、软件升级等活动；

③ 施工环节包含在电信枢纽机楼实施触及在用设备、网络的工程活动；

④ 施工环节包含有对一、二级干线光缆的割接活动；

⑤ 施工环节存在一、二级光缆干线路由附近的开挖、种杆、埋地线等活动；

⑥ 施工环节的网络安全风险评估值大于 320；

⑦ 施工环节造成其他运营商网络中断的风险评估值大于 160；

⑧ 施工环节人身安全风险评估值大于 1000。

（2）施工环节属于以下情况之一，可以定为 B 级。

① 施工环节包含在电信一般机楼（片区汇接层）内实施重要系统的割接、加电、软件升级等活动；

② 施工环节包含在电信核心机楼（本地汇接层）实施触及在用设备、网络的工程活动；

③ 施工环节包含对本地中继光缆的割接活动；

④ 施工环节存在本地中继光缆路由附近的开挖、种杆、埋地线等活动；

⑤ 施工环节的网络安全风险评估值高于 160，小于 320；

⑥ 施工环节造成其他运营商网络中断的风险评估值高于 70，小于 160；

⑦ 施工环节人身安全风险评估值大于 320，小于 1000。

（3）施工环节属于以下情况之一，可以定为 C 级。

① 施工环节包含在电信接入机楼实施割接、加电、软件升级等活动；

② 施工环节包含对主干光缆、电缆的割接活动；

③ 施工环节存在接入层光缆路由附近的开挖、种杆、埋地线等活动；

④ 在各等级机房内，存在对承载重要客户业务的资源接触的活动；

⑤ 施工环节的网络安全风险评估值高于 70，小于 160；

⑥ 施工环节存在造成其他运营商网络中断的可能，但风险评估值不高于 70；

⑦ 施工环节人身安全风险评估值大于 70，小于 320。

（4）施工环节属于以下情况之一，可以定为 D 级。

① 施工环节存在网络安全风险，但网络安全风险评估值不高于 70；

② 施工环节存在人身安全风险，但安全风险评估值不高于 70；

③ 其他不足于评为 A、B、C 级，但存在网络安全风险的工程活动。

4.4.4　风险对策

风险对策也称为风险防范手段或风险管理技术。企业根据风险评价结果及经营运行情况等，确定不可接受的风险，制定并落实控制措施，将风险尤其是重大风险控制在可以接受的程度。同时通过将风险评价的结果及所采取的控制措施对从业人员进行宣传、培训，使其熟悉工作岗位和作业环境中存在的危险和有害因素，掌握、落实应采取的控制措施。具体包括以下内容。

1. 风险回避

风险回避就是以一定的方式中断风险源，使其不发生或不再发展，从而避免可能产生的潜在损失。风险回避适用于风险量大的风险事件，是一种消极的风险处理方式。

2. 风险自留

风险自留是从企业内部财务的角度应对风险，它不改变建设工程风险的客观性质，既不改变工程风险的发生概率，也不改变工程风险潜在损失的严重性。将项目风险保留在风险管理主体内部，通过采取内部控制措施等来化解风险或者对这些保留下来的项目风险不采取任何措施。其适用于风险量小的风险事件。

3. 风险控制

风险控制不是放弃风险，而是制定计划和采取措施降低损失的可能性或者是减少实际损失。控制的阶段包括事前、事中和事后 3 个阶段。事前控制的目的主要是为了降低损失的概率，事中和事后的控制主要是为了减少实际发生的损失。

4. 风险转移

风险转移就是通过合同或非合同的方式将风险转嫁给另一个人或单位的一种风险处理方式。适用于风险量大或中等的风险事件。风险转移分为非保险转移和保险转移两种形式。

非保险转移是指通过订立经济合同，将风险以及与风险有关的财务结果转移给别人。也称为合同转移。最常见的非保险转移有以下 3 种：业主将合同责任和风险转移给对方当事人；承包商进行合同转让或工程分包；第三方担保。

保险转移是建设工程业主或承包商通过订立保险合同，作为投保人将本应由自己承担的工程风险转移给保险公司。

4.5 建设工程监理的组织协调

4.5.1 监理组织协调概述

建设工程监理目标的实现需要监理工程师扎实的专业知识和对监理程序的有效执行，此外，还要求监理工程师有较强的组织协调能力。通过组织协调使工程各方主体有机配合，从而使工程建设实施和运行顺利。

通信建设工程监理协调包括工程外部协调和内部协调两大部分。所谓外部协调，指工程的参与者与那些不直接参与工程建设但却与工程建设相关的单位和个人进行协调。所谓内部协调，是指直接参与工程建设的单位和个人之间的协调工作。监理通过协调使工程参建各方减少磨擦，树立整体思想和全局观念，最大限度地调动各方面的积极性、主动性，使大家能够协同作战，创造出"天时、地利、人和"的良好环境，确保监理的总目标顺利实现。

通信建设工程点多线长，全程全网统一。在工程实施过程中，工程的外部协调和内部协调工作涉及面广，并贯穿建设的全过程，直接影响工程的进度、质量和投资。因此，理顺协调工作关系，明确协调工作分工，控制协调工作进展，是通信工程监理工作的重要环节。

4.5.2 监理协调的主要工作内容

一个建设项目既涉及外部关系的调节，也要搞好内部各参建单位之间的协调，这样才能提高建设效率，有效地达成项目建设目标。因此监理需要协调的内容包括以下几个方面。

1. 与政府部门及其他单位的协调

一个建设工程的开展还存在政府部门及其他单位的影响，如政府部门、金融组织、社会团体、新闻媒介等，它们对建设工程起着一定的控制、监督、支持、帮助作用。

（1）与政府部门的协调

① 工程质量监督站是由政府授权的工程质量监督的实施机构，对委托监理的工程，质量监督站主要是核查勘察设计、施工单位和监理单位的资质、行为和工程质量检查。监理单位在进行工程质量控制和质量问题处理时，要做好与工程质量监督站的交流和协调。

② 出现重大质量事故时，在承包商采取急救、补救措施的同时，监理单位应敦促承包商立即向政府有关部门报告情况，接受检查和处理。

③ 建设工程合同应送公证机关公证，并报政府建设管理部门备案；征地、拆迁、移民要争取政府有关部门的支持和协作；现场消防设施的配置应请消防部门检查认可；要敦促承包商在施工中注意防止环境污染，坚持做到文明施工。

（2）与社会团体的协调

一些大中型建设工程建成后，不仅会给业主带来效益，还会给该地区的经济发展带来好处，同时给当地人民生活带来方便，因此必然会引起社会各界关注。业主和监理单位应把握机会，争取社会各界对建设工程的关心和支持。这是一种争取良好社会环境的协调。

2. 与设计单位的协调

① 尊重设计单位的意见，及时做好沟通。例如，在设计单位向承包商介绍工程概况、设计意图、技术要求、施工难点等情况时，注意标准过高、设计遗漏、图纸差错等问题，并将这些问题解决在施工之前；施工阶段，严格按图施工；结构工程验收、专业工程验收、竣工验收等工作，约请设计代表参加；若发生质量事故，认真听取设计单位的处理意见等。

② 施工中发现设计问题，应及时向设计单位提出，以免造成大的直接损失。若监理单位掌握比原设计更先进的新技术、新工艺、新材料、新结构、新设备时，可主动向设计单位推荐。为使设计单位有修改设计的余地而不影响施工进度，可与设计单位达成协议，限定一个期限，争取设计单位、承包商的理解和配合。

③ 注意信息传递的及时性和程序性。监理单位与设计单位两者之间并没有合同关系，所以监理单位主要是和设计单位做好交流工作，协调要靠业主的支持。工程监理人员发现工程设计不符合工程质量标准或者合同约定的质量要求的，应当报告建设单位，要求设计单位改正。

3. 与施工单位的协调

（1）坚持原则，实事求是，严格按规范、规程办事

监理工程师在监理工作中应强调各方面利益的一致性和建设工程总目标；及时与施工单位沟通建设工程实施状况、实施结果和遇到的困难，以寻找解决办法，减少监理工作中的对抗和争执。

（2）协调中注意语言艺术、感情交流和用权适度问题

有时尽管协调意见是正确的，但由于方式或表达不妥，反而会激化矛盾。而高超的协调能力则往往会起到事半功倍的效果，令各方面都满意。

（3）在施工阶段主要做好以下几个方面的协调工作

① 与施工单位项目经理关系的协调。从施工单位项目经理及其工地工程师的角度来说，他们最希望监理工程师是公正、通情达理并容易理解别人的；希望从监理工程师处得到明确的指示，并且能够对他们所询问的问题给予及时的答复。所以监理工程师既要坚持原则，又要善于理解项目经理的意见，工作方法灵活。

② 进度问题的协调。由于影响进度的因素错综复杂，因而进度问题的协调工作也十分复杂。实践证明，有两项协调工作很有效：一是业主和承包商双方共同商定一级网络计划，并由双方主要负责人签字，作为工程施工合同的附件；二是设立提前竣工奖，由监理工程师按一级网络计划节点考核，分期支付阶段工期奖，如果整个工程最终不能保证工期，由业主从工程款中将已付的阶段工期奖扣回并按合同规定予以罚款。

③ 质量问题的协调。严格实行监理工程师质量签字认可制度。对没有出厂证明、不符合使用要求的原材料、设备和构件，不准使用；对不合格的工程部位，不予验收签字，也不予计算工程量，不予支付工程款。对设计变更或工程内容的增减，监理工程师要认真研究，合理计算价格，与有关方面充分协商，达成一致意见。

④ 合同争议的协调。对于工程中的合同争议，监理工程师应首先采用协商解决的方式，协商不成时，才由当事人向合同管理机关申请调解。只有当对方严重违约而使自己的利益受到重大损失而不能得到补偿时，才采用仲裁或诉讼手段。

⑤ 对施工单位违约行为的处理。在施工过程中，当发现施工单位方法不当或使用的材料不符合要求时，监理工程师应立即制止，同时在监理权限以内采取相应的处理措施。监理工程师要有时间期限的概念，及时准确地表明自己的态度。

⑥ 对分包单位的管理。主要是对分包单位明确合同管理范围，分层次管理。将总包合同作为一个

独立的合同单元进行投资、进度、质量控制和合同管理，不直接和分包合同发生关系。对分包合同中的工程质量、进度进行直接跟踪监控，通过总包商进行调控、纠偏。分包商在施工中发生的问题由总包商负责协调处理，必要时，监理工程师帮助协调。

⑦ 处理好人际关系。在监理过程中，监理工程师处于一种十分特殊的位置，必须善于处理各种人际关系，既要严格遵守职业道德，礼貌而坚决地拒收任何礼物，以保证行为的公正性，也要利用各种机会增进与各方面人员的友谊与合作，以利于工程的进展。

4. 与业主的协调

监理实践证明，监理目标是否顺利实现和与业主协调的好坏有很大的关系。因此，与业主的协调是监理工作的重点和难点。监理工程师应从以下几个方面加强与业主的协调。

① 首先要理解建设工程总目标，理解业主的意图。对于未能参加项目决策过程的监理工程师，必须了解项目构思的基础、起因、出发点，否则可能对监理目标及完成任务有不完整的理解，会给工作造成很大的困难。

② 利用工作之便做好监理宣传工作，增进业主对监理工作的理解，特别是对建设工程管理各方职责及监理程序的理解；主动帮助业主处理建设工程中的事务性工作，以自己规范化、标准化、制度化的工作去影响和促进双方工作的协调一致。

③ 尊重业主，让业主一起投入建设工程全过程。尽管有预定的目标，但建设工程实施必须执行业主的指令，使业主满意。对业主提出的某些不适当的要求，只要不属于原则问题，都可先执行，然后利用适当时机、采取适当方式加以说明或解释；对于原则性问题，可采取书面报告等方式说明原委，尽量避免发生误解，以使建设工程顺利实施。

5. 项目监理机构内部的协调

（1）项目监理机构内部人际关系的协调

项目监理机构是由人组成的工作体系，工作效率很大程度上取决于人际关系的协调程度，总监理工程师应首先抓好人际关系的协调，激励项目监理机构成员。在人员安排上要量才录用；在工作委任上要职责分明；在成绩评价上要实事求是；在矛盾调解上要恰到好处。

（2）项目监理机构内部组织关系的协调

项目监理机构是由若干部门（专业组）组成的工作体系。每个专业组都有自己的目标和任务。如果每个子系统都从建设工程的整体利益出发，理解和履行自己的职责，则整个系统就会处于有序的良性状态；否则整个系统便处于无序的紊乱状态，导致功能失调，效率下降。项目监理机构内部组织关系的协调可从以下几个方面进行。

① 在职能划分的基础上设置组织机构，根据工程对象及委托监理合同所规定的工作内容确定职能划分，并相应设置配套的组织机构。

② 明确规定每个部门的目标、职责和权限，最好以规章制度的形式作出明文规定。

③ 事先约定各个部门在工作中的相互关系。在工程建设中，许多工作是由多个部门共同完成的，其中有主办、牵头和协作、配合之分，事先约定，才不至于出现误事、脱节等贻误工作的现象。

④ 建立信息沟通制度，如采用工作例会、业务碰头会、发会议纪要、工作流程图或信息传递卡等方式来沟通信息，这样可使局部了解全局，服从并适应全局需要。

⑤ 及时消除工作中的矛盾或冲突。总监理工程师应采用民主的作风，注意激励各个成员的工作积极性；采用公开的信息政策，让大家了解建设工程实施情况、遇到的问题或危机；经常性地指导工作，和成员一起商讨遇到的问题，多倾听他们的意见、建议，鼓励大家同舟共济。

（3）项目监理机构内部需求关系的协调

建设工程监理实施中有人员需求、试验设备需求、材料需求等，而资源是有限的，因此，内部需求平衡至关重要。需求关系的协调可从以下环节进行。

① 对监理设备、材料的平衡。建设工程监理开始时，要做好监理规划和监理实施细则的编写工作，提出合理的监理资源配置，要注意抓住期限上的及时性、规格上的明确性、数量上的准确性、质量上的规定性。

② 对监理人员的平衡。要抓住调度环节，注意各专业监理工程师的配合。根据项目的复杂性和技术要求的不同，解决监理人员配备、衔接和调度问题。

4.5.3　监理协调的基本方法

1. 会议协调法

会议协调法是建设工程监理中最常用的一种协调方法，实践中常用的会议协调法包括第一次工地例会、工地监理例会、专题监理会议等。

（1）第一次工地例会

第一次工地例会是建设工程尚未全面展开前，履约各方相互认识、确定联络方式的会议，也是检查开工前各项准备工作是否就绪并明确监理程序的会议。第一次工地例会应在项目总监理工程师下达开工令之前举行，会议由建设单位主持召开。监理单位和总承包单位的授权代表参加，也可邀请分包单位参加，必要时，邀请有关设计单位人员参加。

（2）工地监理例会

① 监理例会是由总监理工程师主持，按一定程序召开的，研究施工中出现的计划、进度、质量及工程款支付等问题的工地会议。

② 监理例会应当定期召开，宜每周召开一次。

③ 监理例会的参加人员包括项目总监理工程师（也可为总监理工程师代表）、其他有关监理人员、承包商项目经理、承包单位其他有关人员。需要时，还可邀请其他有关单位代表参加。

④ 会议纪要。会议纪要由项目监理工程师机构起草，经与会各方签认，然后分发给有关单位。会议记录内容如下：a. 会议地点及时间；b. 出席者姓名、职务及他们代表的单位；c. 会议中发言者的姓名及所发表的主要内容；d. 决定事项；e. 诸事项分别由何人何时执行。

（3）专题监理会议

除定期召开工地监理例会以外，还应根据需要组织召开一些专业性协调会议，例如业主直接分包的工程内容承包单位与总包单位之间的协调会、专业性较强的分包单位进场协调会等，由授权的监理工程师主持会议。

2. 交谈协调法

在实践中，并不是所有问题都需要开会来解决，有时可采用"交谈"这一方法。交谈包括面对面的交谈和电话交谈两种形式。无论是内部协调还是外部协调，这种方法使用频率都是相当高的。其作用如下。

（1）保持信息畅通

由于交谈本身没有合同效力及其方便性及及时性，所以建设工程参与各方之间及监理机构内部都愿意采用这一方法进行。

（2）寻求协作和帮助

在寻求别人帮助和协作时，往往要及时了解对方的反应和意见，以便采取相应的对策。另外，相对于书面寻求协作，人们更难于拒绝面对面的请求。因此，采用交谈方式请求协作和帮助比采用书面方法实现的可能性要大。

（3）及时地发布工程指令

在实践中，监理工程师一般都采用交谈方式先发布口头指令，这样，一方面可以使对方及时地执行指令，另一方面可以和对方进行交流，了解对方是否正确理解了指令。随后再以书面形式加以确认。

3. 书面协调法

当会议或者交谈不方便或不需要时，或者需要精确地表达自己的意见时，就会用到书面协调的方法。书面协调方法的特点是具有合同效力，一般常用于以下几方面。

（1）不需要双方直接交流的书面报告、报表、指令和通知等。

（2）需要以书面形式向各方提供详细信息和情况通报的报告、信函和备忘录等。

（3）事后对会议记录、交谈内容或口头指令的书面确认。

4. 访问协调法

访问法主要用于外部协调中，有走访和邀访两种形式。走访是指监理工程师在建设工程施工前或施工过程中，对与工程施工有关的各政府部门、公共事业机构、新闻媒介或工程毗邻单位等进行访问，向他们解释工程的情况，了解他们的意见。邀访是指监理工程师邀请上述各单位（包括业主）代表到施工现场对工程进行指导性巡视，了解现场工作。因为在多数情况下，这些有关方面并不了解工程，不清楚现场的实际情况，如果进行一些不恰当的干预，会对工程产生不利影响。这个时候，采用访问法可能是一个相当有效的协调方法。

5. 情况介绍法

情况介绍法通常与其他协调方法紧密结合在一起，它可能是在一次会议前，或是一次交谈前，或是一次走访或邀访前的向对方进行的情况介绍。形式上主要是口头的，有时也伴有书面的。介绍往往作为其他协调的引导，目的是使别人首先了解情况。因此，监理工程师应重视任何场合下的每一次介绍，要使别人能够理解你介绍的内容、问题和困难，以及你想得到的协助等。

本章小结

在工程项目建设过程中，监理机构和监理人员要重视并做好信息管理、合同管理和施工安全管理工作；同时要树立风险意识，做好风险防范；并在监理目标控制和各项管理工作中做好与建设各方的沟通和协调，保证项目建设的顺利进行。

（1）监理信息的管理由总监理工程师负责，必须及时整理、真实完整、分类有序，总监理工程师应指定专人具体实施监理信息的管理，在各阶段监理工作结束后，及时整理归档。

（2）合同管理主要用于处理项目利益相关各方的关系。监理机构可以协助业主确定工程建设项目的合同结构，协助业主起草合同及参与合同谈判，对合同的实施进行管理和检查，在执行过程中处理合同纠纷和索赔。

（3）安全监理是工程建设监理的重要组成部分，也是建设工程安全生产管理的重要保障。安全监理是提高施工现场安全管理水平的有效方法。监理单位要做好开工前安全控制监理措施、工程安全施工现场监理措施、设备安装调测阶段安全的监理措施以及工程验收阶段安全的监理措施。

（4）风险就是与出现损失有关的不确定性。通过风险识别可以进行风险评价，确定不可接受的风险，制定并落实控制措施，将风险尤其是重大风险控制在可以接受的程度。

（5）通信建设工程协调是监理工程师的重要工作之一，大体分为工程外部协调和内部协调两大部分。监理通过协调，使参建各方减少磨擦，最大限度地调动各方面的积极性、主动性，确保建设监理的总目标顺利实现。

思考题

1. 建设工程施工合同有何意义？由哪几部分组成？
2. 监理信息有哪几类？应如何进行管理？
3. 通信监理安全管理有哪些具体措施？
4. 什么是风险？风险对策有哪几种？
5. 建设工程监理组织协调的常用方法有哪些？

第二部分

通信工程监理
典型项目

第 **5** 章

通信管道工程监理

本章提要

本章主要介绍通信管道工程项目的监理。通过本章的学习，读者应了解和熟悉通信管道工程的意义、特点及分类，认识主要设备及材料构成；掌握管道工程监理流程，了解质量控制要点及检查要求；掌握管道工程安全控制点及防范措施；通过案例理解管道工程监理实施过程中对"三控"、"三管"、"一协调"的运用过程。

5.1 管道工程概述

5.1.1 工程意义

通信管道是通信网的基础设施，通信管道工程是通信工程的重要组成部分。通信管道建设的内容包括新建网络线路、已有网络扩容、故障网络的维护检修等。通信管道工程的建设对确保通信线路畅通、安全，改善城镇市容起到积极的作用。

5.1.2　工程特点

1．工程报建困难

为了合理利用沿线地下资源，避免道路重复开挖，当地政府要求各运营商统筹建设通信管道，运营商合建管道可以有效降低建设成本。统建后各运营商几年内不审批开挖证，故在一定程度上造成报建困难。

2．施工环境复杂

管道施工多在道路两侧施工，沿途施工地段人多、车多、路口多；地表下有地下水管、下水道、通信电（光）缆、煤气管、电力电缆，情况错综复杂，多数需市政相互配合改造，给施工带来许多困难，加上沿线车流、人流量较大，给工程进度造成了一定影响。在施工中须时刻保护行人、行车、沿途地下管线安全和施工人员安全，同时要做好各业主协调，确保门面商场等正常运作，以免造成不必要的干扰。

3．工程隐蔽性

管道工程建设有其特殊性，因大部分操作面在地表下面，施工中容易造成安全事故，路面恢复后也难于再进行检查，因此做好隐蔽工程随工签证是管道工程建设中不可缺少的一环。监理工程师在施工中应及时到现场检验，对关键工序应旁站监理；对未经检验的隐蔽工序不得隐蔽，否则监理工程师有权对已完成的工序不进行签证。

5.1.3　工程分类

管道工程根据管道材料分为可分水泥管管道工程、镀锌管管道工程和 PVC 塑料管管道工程。

1．水泥管管道

水泥管道是由现浇的钢筋混凝土浇筑而成。人们在日常生产生活中几乎是随处可见的，水泥管的适用范围也是相当广泛的。通常来说，水泥管适用于混凝土包封敷设、人行道和绿化带等非机动车道直埋敷设，也适用于有重载车辆通过的机动车道（包括高速公路、一、二级公路）的直埋敷设。

2．镀锌管管道

镀锌管道是使熔融金属与铁基体反应而产生合金层，从而使基体和镀层二者相结合而成。通常来说，镀锌管由于有很强的抗压、抗拉能力，因而广泛适用于酸碱地敷设和混凝土包封敷设。

3．PVC 塑料管

塑料管是聚酯为原料、加入稳定剂、润滑剂、增塑剂等，以"塑"的方法在制管机内经挤压加工而成。由于它具有质轻、耐腐蚀、外形美观、无不良气味、加工容易、施工方便等特点。广泛适用于沼泽地的敷设、混凝土包封敷设和人行道和绿化带等非机动车道直埋敷设。

另外管道工程根据通信网可分为长途通信管道工程和本地网管道工程。长途通信管道主要适用于省际管道工程，本地网管道主要适用于省内和市区管道工程。本章主要介绍 PVC 塑料管管道工程。

5.2　管道工程常用设备及材料

5.2.1　常用设备及材料介绍

管道工程常用设备包括路面切割机，顶管机、夯实机等；材料包括 PVC 管材、水泥、砂石、土砖以及相关配件和联接件，见表 5-1。

表 5-1　　　　　　　　　　　　　　管道工程常用设备及材料一览表

序号	设备/材料名称	型号/规格（举例）	功　能
1	PVC 管	Φ98mm 或 Φ110mm	保护地下线路
2	PVC 弯管	Φ90mm 等	引上
3	PVC 接头	Φ100mm 等	连接塑管
4	PE 管	Φ110mm 等	顶管用
5	PE 子管	Φ25/30 等	保护光缆
6	PVC 引上管	Φ75mm	保护引上光缆
7	波纹管	Φ50mm	保护人手井内光缆
8	透明塑料软管	Φ32mm	保护光缆
9	网纹管	Φ32mm	保护光缆
10	蛇型金属软管	Φ32mm	保护光缆
11	水泥	#425、#525	建筑人手井或包封用
12	河砂	中粗	建筑人手井或包封用
13	碎石	5～10mm、10～20mm、20～40mm	建筑人手井或包封用
14	镀锌钢管	Φ100mm	特殊地段保护管道
15	镀锌钢管接头	Φ110mm	连接钢管
16	镀锌钢管弯头	Φ50mm	连接管道
17	双页井框	Φ750mm	人手井用
18	双页井盖	Φ750mm	人手井用
19	通管器	—	管道试通
20	镀锌铁线	—	防雷保护
21	积水罐	—	存储积水
22	土砖	—	砌筑人手井
23	顶管机	ZT-25	过路顶管
24	夯土机	WJ101-680	管道回土夯实
25	路面切割机	ZC50G	破路面

有关说明：

（1）钢管管壁厚薄均匀，管径圆整，内壁光滑，管的内径负偏差应小于 1mm。

（2）塑管的管身应光滑无伤痕，管孔无形变，其色谱、孔径、壁厚及其均匀度应符合设计要求，孔径、壁厚的负偏差应小于 1mm。

（3）水泥的标号应符合设计要求，并在有效期内，并不得有受潮变质迹象。

（4）石料应采用天然砾石或人工碎石，不得使用风化石。

（5）砂子应采用天然砂，宜使用中砂。

（6）水应使用可饮用的水，不得使用工业废污水。

（7）土砖应用普通粘土砖，砖的外形应密实平整，不得有裂缝和蜂窝现象。

（8）人（手）井铁盖装置应用灰口铁铸造，铸铁的抗拉强度应大于 $1200kg/cm^2$，铸铁质地应坚实，铸件表面应完整，无飞刺、砂眼等缺陷。盖与口圈应吻合，盖合后应平稳、不翘动；铁盖的外缘与口圈的内缘间隙应小于 3mm；铁盖与口圈盖合后，铁盖边缘应高于口圈 1～3mm。

（9）人（手）井又称人（手）孔，书中又简称人孔或手孔。

5.2.2　设备及材料实物图片展示

设备/材料名称	型号/规格	功　能
PVC 管	$\Phi110$	保护地下线路
PVC 弯管	$\Phi110$	引上管道用

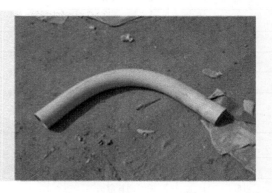

设备/材料名称	型号/规格	功　能
PVC 直接头	$\Phi110mm$	连接直接敷设的 PVC 管道

设备/材料名称	型号/规格	功　能
160PE 管	$\Phi160mm$	顶管用
110PE 管	$\Phi110mm$	顶管用

设备/材料名称	型号/规格	功　能
PVC 管塞	Φ90mm	堵 110PVC 管
PVC 管用胶水	—	粘接 2 根 PVC 管用

设备/材料名称	型号/规格	功　能
井框	—	托井盖
单页井盖	60cm×80cm	防止人或物掉落井中

设备/材料名称	型号/规格	功　能
管道槽	40mm×4mm×（管道槽长）mm	对于跨域沟渠的管道起支撑作用

管道槽

设备/材料名称	型号/规格	功　能
砂	中砂	砌筑人（手）孔的材料
水泥	325#、425#	砌筑人（手）孔的材料
土砖	240mm×120mm	砌筑人（手）孔的材料

砂

水泥

砖

设备/材料名称	型号/规格	功　能
顶管机	ZT-25	用于过路顶管

设备/材料名称	型号/规格	功 能
夯土机	WJ101-680	用于管道回土夯实
路面切割机	ZC50G	用于破路面

5.3 管道工程监理流程

5.3.1 监理流程要点

通信工程监理总体上分施工准备阶段、施工阶段、验收阶段及监理资料归档整理 4 个阶段。其中施工准备阶段包括现场勘查和会审；施工阶段包括施工组织设计审核、开工报告审核、施工前安全交底、管道工程施工等；验收阶段分预验收、初验和终验；监理资料归档整理包括监理档案资料汇总编制及监理档案资料审核出版两个阶段。

第二部分各章介绍的工程项目监理均按以上基本课程进行。管道工程监理是通信管道建设的重要保证。特别是施工阶段监理是监理员的主要工作。其中挖沟、管道布放、接续、回填以及人（手）孔砌筑是管道工程监理的关键工序。

5.3.2 监理流程介绍

根据以上要点，对管道工程监理流程的具体实施过程进行详细介绍，见表 5-2。

表 5-2   管道工程监理流程

工作流程		岗位	过程指导	结果文件
	现场勘察	监理员	① 监管勘察人员安全、文明勘察，不要破坏业主物业，记录好相关的物业信息，并对现场的整体环境拍照记录 ② 记录好管道路由选取、人（手）井定位 ③ 检查环境影响和施工条件 ④ 查验管道路由所在地规划 ⑤ 监理人员认真仔细填写勘察记录表的每项内容	《勘察记录表》
施工准备阶段	会审	项目经理	① 根据监理员现场勘察记录表审核施工图纸，或安排参与勘察的监理员审核施工图纸，审核图纸人员将审核图纸结果记录在《施工图纸审核记录表》中，并在会审前 3 天提交项目经理审核 ② 要求设计单位提前 1 个星期提交本次会审的设计单项并审核设计文件 ③ 主要对设计文件的以下内容进行审核：设计文件的完整性、原理图、设计清单、预算、设计说明与图纸的一致性等 ④ 在会审前 3 天收集汇总施工图纸审核记录，将存在问题汇总成会审材料并提交建设方设计会审负责人 ⑤ 协助建设方设计会审负责人确定会审会议召开时间、地点、参加人员 ⑥ 协助建设方设计会审负责人组织召开会审会议 ⑦ 准时参加会审会议，会议开始前，安排与会人员签到 ⑧ 在会审期间根据对设计文件审核记录，逐项对设计单位说明存在问题和整改要求 ⑨ 详细记录其他人员提出的其他问题和整改要求	《管道工程设计文件审核记录表》 《管道工程设计会审纪要》 《管道工程设计批复》
施工阶段	施工组织设计审核	总监理工程师	① 要求施工单位按照建设期提交施工组织设计，审核施工单位资质是否与标书一致等 ② 审核要点：工期、进度计划、质量目标应与施工合同、设计文件相一致；施工方案、施工工艺应符合设计文件要求 ③ 施工技术力量、人数应能满足工程进度计划的要求；施工机具、仪表、车辆配备应能满足所承担施工任务的需要 ④ 质量管理、技术管理体系健全，措施切实可行且有针对性；安全、环保、消防和文明施工措施切实可行并符合有关规定	《施工单位资质审核表》 《施工组织设计报审表》 《仪器仪表报审表》
	开工报告审核	总监理工程师	① 要求施工单位在工程开工前 5 天提交本期工程开工报告审核 ② 开工报告审核主要内容有：开竣工日期符合建设需求、主要工程内容、工程准备情况及主要存在问题等 ③ 审核通过后，在开工前 3 天提交监理方审核，建设方审核通过，由总监理工程师签发开工令，安排施工单位进场施工	《开工报告报审表》 《开工报告》
	施工前安全交底	项目经理	① 在工程启动后，施工前与施工单位项目安全责任人进行安全交底工作，并真实记录交底情况 ② 交底后双方签字确认	《管道施工安全交底表》

续表

工作流程		岗位	过程指导	结果文件
施工阶段	管道工程施工	监理员	① 施工机械、设备规格、型号、数量与批准的《施工组织设计》是否符合；机械工作是否正常；材料的质保书是否齐全 ② 挖沟的长宽高是否符合要求，沟底、土壤情况、高程及坡度、混凝土和障碍物的处理是否满足要求 ③ 检查管道沟的沟深、沟内处理、回填砂、回填土和包封 ④ 检查塑料管的规格和长度、布放、接续和封堵以及安全防护是否到位 ⑤ 检查人（手）孔的墙壁质量、抹面和布筋是否合格	《工程材料报验单》 《管材进场材料检验表》 《地方（型）类材料检验表》 《监理日志》 《通信管道工艺及隐蔽工程检查表》
验收阶段	预验收	监理员	① 要求施工单位按周期提交具备预验收项目清单 ② 根据预验收项目清单合理编制预验收计划 ③ 根据预验收计划，发预验收通知给施工单位、监理单位 ④ 现场组织好各单位做好现场验收工作；提出现场监理验收意见；对验收存在的遗留问题做好记录 ⑤ 根据现场验收情况合理编制好遗留问题整改计划，并及时下发给施工单位，并抄送给建设单位 ⑥ 落实遗留问题整改计划的实施，并及时把情况反馈给建设单位 ⑦ 对已完成整改的站点，组织代维公司、施工单位现场复验	《竣工文件审核记录表》 《预验收遗留问题跟踪表》 《预验收报告》
	初验	项目经理	① 现场组织好各单位做好现场验收工作；提出现场监理验收意见；对验收存在的遗留问题做好记录 ② 协助业主组织召开验收总结会，由验收小组成员各自通报验收情况，由验收小组讨论形成验收结论 ③ 根据现场验收情况，合理编制好工程遗留问题跟踪表并及时下发给施工单位，抄送给建设单位 ④ 落实遗留问题整改计划的实施，并及时把情况反馈给建设单位 ⑤ 对已完成整改的地方，组织施工单位现场复验	《初验会议纪要》 《初步验收报告》 《初步验收总结会议签到表》
	终验	总监理工程师	① 督促施工单位按要求提交正式竣工决算报表；监理收到正式竣工决算报表后，及时组织监理工程师进行审核 ② 现场组织好各单位做好现场验收工作；提出现场监理验收意见；对验收存在的遗留问题做好记录 ③ 协助业主组织召开验收总结会，由验收小组成员各自通报验收情况，并由验收小组讨论形成验收结论 ④ 根据现场验收情况合理编制好工程遗留问题跟踪表并及时下发给施工单位，抄送给建设单位 ⑤ 落实遗留问题整改计划的实施，并及时把情况反馈给建设单位 ⑥ 对已完成整改的地方，组织施工单位现场复验	《终验会议纪要》 《竣工验收报告》 《终验会议总结会议签到表》

工作流程	岗位	过程指导	结果文件
监理资料归档整理	监理档案资料汇总编制 项目经理	① 由监理单位负责编制和汇总的有：监理总结、监理规划、监理实施细则、设计单位/施工单位资质审核意见表、设计文件监理审核意见表、开工交底记录、工程暂停令、工程相关签证记录、洽谈记录、监理报表、监理工程师通知、工程交（竣）工文件审查意见表、工程结算监理审核表等 ② 由监理单位负责收集和汇总的有：施工组织设计报审表、工程材料/构配件/设备/仪表报审表、工程开工/复工报审表、设备材料点验报告、设计变更通知单、来往函件会议纪要、初步验收申报表、初步验收报告、竣工验收报告等 ③ 监理档案出版时间要求：在建设单位规定的时间内完成阶段性《监理资料》的收集、汇总、装订成册，按照要求向建设单位提交原件和复印件	《监理档案》 《结算审核意见表》
	监理档案资料审核出版 总监理工程师	① 总监理工程师必须对项目部各专业项目监理档案进行审核 ② 审核监理档案各模块资料逻辑时间未发生错误，即现场签证资料时间必须在项目建设工期内，所有文件开工日期和完工日期一致 ③ 检查监理档案完整性，按照监理档案目录审核，不能漏项 ④ 审核监理档案资料文件各级监理人员签字是否准确，不能出现低于文件要求级别监理人员签字的现象	《监理档案审核记录表》 《监理档案》

5.4 管道工程质量控制点及检查要求

5.4.1 质量控制点及检查要求

管道工程主要的质量控制环节包括勘查测量、管道建筑和人孔建筑 3 个方面，在每个方面都有具体的质量控制点和质量检查要求，见表 5-3。

表 5-3 管道工程主要质量控制点及检查要求

项目	控制内容	质量要求
勘察测量	管道划线	按设计文件及城市规划部门批准的位置、坐标和高程进行
	人孔定位	①人孔一般设在管道的中心线上。②人孔间的距离应按地形、地物、设计确定，一般不超过 120m
管道建筑	道沟开挖（含路面开挖）	①按测量划线开挖，管道中心线偏差不得大于 100mm。②管道沟开挖应顺直，沟底平整，沟坎、转弯应平缓过渡
	管道深度	沟深应符合设计或规范要求；困难地段或穿越障碍物，沟深达不到标准，应采取保护措施
	塑料管敷设	①塑料管敷设前应夯实并垫砂 10cm。②塑管应有出厂证、合格证。③铺设方法、组群方式、接续方式应符合设计要求。④当采用承接法接续的承接部分可涂粘合剂。组群管间缝隙宜为 10～15mm，接续管头必须错开，每隔 2～3m 可设衬垫物的支撑，以保证管群形状统一
	管道包封	管道包封的规格、段落应符合设计规定
	管道沟回填	①回填前，应清洗管内各种杂物，应先回填 100mm 厚的细土或砂子。②回填土应分层夯实，郊区应高于地面 100mm

续表

项目	控制内容	质量要求
人孔建筑	人孔开挖	在人孔定位处，根据该人孔类型划线开挖，要放坡挖坑，应留有一定的余度，以利于墙壁内外粉刷
	人孔基础浇筑	基础的混凝土标号（配筋）等应符合设计规定。浇筑基础前，应清理孔内杂物，挖好积水坑安装坑。基础表面应从四方向积水坑泛水
	人孔砖砌体	①人孔净高应符合设计规定，墙体与基础应结合严密、不漏水，墙体应垂直。②管道进入人孔位置应符合设计规定
	窗口	管顶距人孔井面 70 cm，管底距人孔基础面 30 cm；四边八字；管口终止于人孔墙面内侧 10 cm 处，管口做成喇叭口
	人孔内预埋铁件	①穿钉的规格、位置应符合设计规定，穿钉与墙体应保持垂直。上、下穿钉应在同一垂直线上②穿钉露出墙面 50～70mm，安装牢固③拉力环的位置应符合设计规定，应与管道底保持 200mm 以上的间距，露出墙面 80～100mm，安装牢固
	人孔砂浆抹面	①使用的水泥砂浆标号不低于 75 号。②抹墙体应严密、贴实、光滑、不空鼓、无飞刺、无断裂
	人孔上复安装	①人孔上复的配筋、绑扎、混凝土的标号应符合设计规定。②上复底面应平整、光滑、不露筋、无蜂窝，上复与墙体搭接应用 1：2.5 的水泥砂浆抹八字角
	人孔口圈安装	①人孔口圈顶部高程应符合设计规定，允许正偏差不大于 20mm。②人孔口圈与上复之间宜砌不小于 200mm 的口腔。口腔与上复搭接处应抹八字，人孔口圈应完整无损
	人孔回填土	①靠近人孔壁四周的回填土内不应有直径大于 100mm 的砾石、碎砖等坚硬物。②人孔坑每回填土 300mm，应严格夯实。人孔坑的回填土严禁高出人孔口圈的高程

注：表中人孔均为人（手）孔的简称。

5.4.2　质量检查图解

根据以上质量控制点，明确实际管道工程现场监理的工艺检查要求和监理的标准，通过现场图片和案例，重点学习沟深及宽度、沟底、塑管接口、钢管接口、包封、回填土、内外批、井底、喇叭口等 10 个方面的工艺质量检查规范。并通过以下工艺检查案例，进一步了解和掌握通信管道工程施工和验收的国家标准（GB 50374—2006）及相关的行业标准。见附录 G。

1．沟深宽度

检查标准	检查记录	检查结论
设计长度：90 m 实际长度：90 m 深度：1 m 沟面宽：50 cm 沟底宽：30 cm	长度：90 m 深度：1.1 m 沟面宽：50 cm 沟底宽：32 cm	☑合格　☐不合格

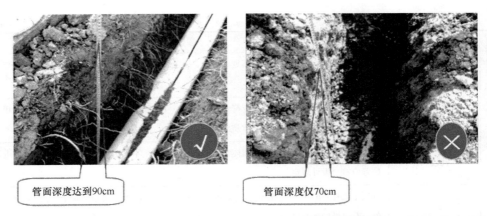

管面深度达到90cm

管面深度仅70cm

检查标准	检查记录	检查结论
塑管埋深：人行道 0.7 m，车行道 0.8 m； 钢管埋深：人行道 0.5 m，车行道 0.6 m； 沟面宽：0.8 m；沟底宽：0.6 m	■塑管□钢管■人行道□车行道；埋 深：0.7 m 沟面宽：0.8 m 沟底宽：0.6 m	□✔合格　□不合格

沟面宽0.8m

管道埋深0.7m

沟底宽0.6m

2.　沟底

检查标准	检查记录	检查结论
沟底抄平、夯实、平直、无杂物	沟底抄平、有夯实、无杂物	□✔合格　□不合格

沟底平直

沟底弯度
较大，且未夯实

3. 塑管接口

检查标准	检查记录	检查结论
接口错开，接口应涂抹胶水	接口有错开，接口时使用胶水涂抹	☑合格　☐不合格

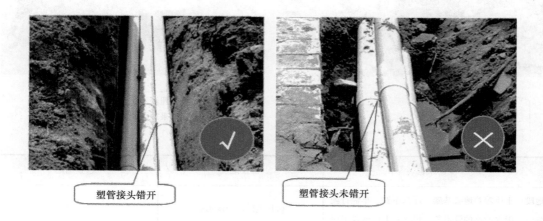

塑管接头错开　　　　　塑管接头未错开

4. 钢管接口

检查标准	检查记录	检查结论
接口处必须加焊（满焊），焊接处应采取防腐措施	在接口处有满焊，但焊接处没有采取防腐措施	☐合格　☑不合格

接续符合规范要求，但是未做防锈防腐措施

钢管接头满焊，无防腐、防锈措施

5. 包封

检查标准	检查记录	检查结论
包封地段：土质较差地段基础、埋深不够的管道等； 包封方式：三面包封，厚度 10cm 以上	在井-井之间管道埋深 58cm，用厚度 10cm 混凝土包封	☑合格　☐不合格

埋深不足，采取
水泥包封

埋深不足，但未
采取包封措施

检查标准	检查记录	检查结论
地段：土质较差地段基础、埋深不够、车辆行驶路面、雨水冲刷的管道等；尺寸：上述地段半包封。如塑管接续处（长：60 cm，宽：40 cm，高：10 cm）	包封地段：埋深不够 尺寸：长 10 m， 宽 0.8 m，高 0.15 m	☑合格 ☐不合格

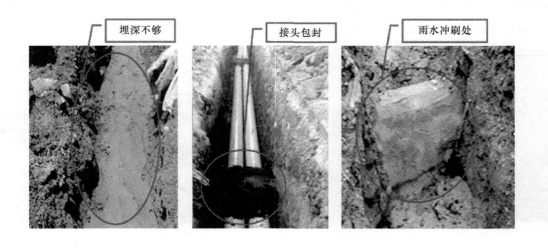

埋深不够　　接头包封　　雨水冲刷处

6. 回填土

检查标准	检查记录	检查结论
在管道两侧和顶部 30cm 范围内，应采用细砂或过筛细土回填，并夯实	回填土时管两侧及顶部 30cm 范围内采用细土回填	☑合格 ☐不合格

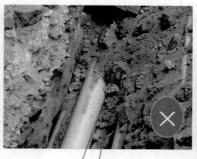

夯实机夯实

管面30cm范围
内使用细土回填

回填土内夹杂
过多石块

7. 内外批

检查标准	检查记录	检查结论
内批：手井内批荡 1.5cm	手井批荡厚度达标，内批光滑，无突刺	☑合格 □不合格

内批光滑

内批脱落且
厚度不足

检查标准	检查记录	检查结论
外批：手井外批荡 2.0cm	手井批荡厚度达标，外批光滑，无突刺	☑合格 □不合格

外批到位

底部无外批

8. 井底

检查标准	检查记录	检查结论
井底抹八字，井底基础表面应该从四方向积水罐做2cm泛水	井底有八字，符合规范要求	☑合格　☐不合格

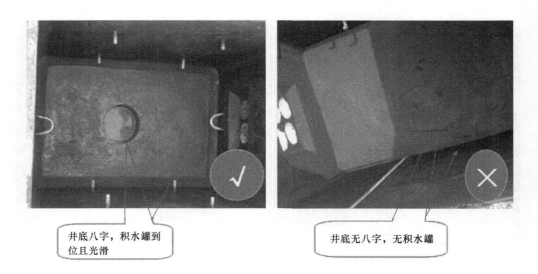

井底八字，积水罐到位且光滑

井底无八字，无积水罐

9. 引上管口

检查标准	检查记录	检查结论
引上管位置距上覆顶下面要大于40cm，外形成喇叭口（终止墙体内30~50mm）	引上管位于上覆顶下40cm处，成喇叭口，管口终止在墙体内50mm	☑合格　☐不合格

引上管位置距上覆顶下面40cm处

引上管位置距上覆顶下面低于40cm，有井盖损坏光缆的风险

10. 喇叭口

检查标准	检查记录	检查结论
高度：管顶距人手孔上覆面应不小于 40cm，管底距人手孔基础面应不小于 30cm 四边八字：管口应终止人手孔墙面内侧 10cm 处，管口做成喇叭口	喇叭口制作标准，美观	☑合格 □不合格

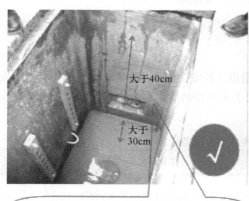

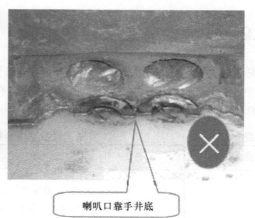

大于40cm

大于30cm

管顶距人（手）孔上覆面不小于40cm、管底距人（手）孔基础面应大于30cm

喇叭口靠手井底

检查标准	检查记录	检查结论
设计高度：管顶距人（手）孔井面 70 cm，管底距人（手）孔基础面 30 cm；四边八字：管口终止于人（手）孔墙面内侧 10 cm 处，管口做成喇叭口	管顶距井面 70 cm，管底距基础面 40 cm；管口终止墙内 10 cm	☑合格 □不合格

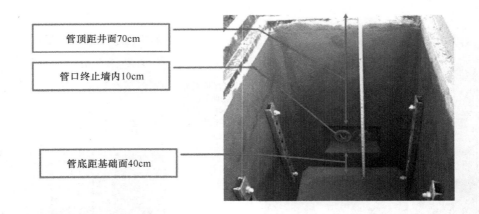

管顶距井面70cm

管口终止墙内10cm

管底距基础面40cm

5.5 管道工程安全管理及防范措施

5.5.1 管道工程安全管理的意义

　　管道工程建设的特点是专业类别多、技术含量高低差异大。根据管道工程建设的特点，找出安全控制关键节点进行管理，确保管道工程建设安全生产，减少通信事故及人员伤亡发生。例如适时召开项目安全交底会议，加强施工人员个人防护检查；管道工程施工现场的护栏围蔽和警示、动火作业时的防火安全措施等。在工程建设中，坚持"安全第一、预防为主"的方针，加强对各施工安全控制点的管理，且建立安全施工责任制度，完善安全施工条件，确保施工安全。

5.5.2 安全控制点及防范措施

　　安全管理是监理员日常工作的重要内容。根据管道工程安全管理的要求，以管道工程项目安全交底、顶管、过桥管道施工3个节点为例，详细介绍有关安全控制措施（见表5-4），从而树立安全管理的意识，明确安全管理的任务。

表 5-4　　　　　　　　　　　　管道工程主要安全控制点及防范措施

安全节点	责任人	主要控制措施
项目安全交底会议	监理员	① 根据建设方招标结果收集施工单位名称及项目经理、安全负责人、施工队及施工队长，并建立清单 ② 准备会议材料 ③ 组织召开项目安全交底会议，要求施工单位项目经理及安全负责人全部到场 ④ 项目安全交底会议中，依据安全交底表内容，逐项对施工单位项目经理及安全负责人进行安全交底 ⑤ 交底结束后，填写交底表，监理项目经理、施工项目经理及安全负责人签字、盖章确认，监理单位、施工单位各保留一份项目安全交底表，并形成会议纪要

安全节点	责任人	主要控制措施
顶管	监理员	① 施工单位顶管前，必须对施工现场进行详细地下隐藏物体的勘探，形成《物探报告》，并提交监理单位 ② 监理单位项目经理根据《物探报告》、《现场勘察报告》、设计图纸，审核施工单位提交的《非开挖顶管报审表》，并签署意见，如无问题，提交建设单位主管批准，有问题则退回施工单位修改。建设单位批准后，监理单位项目经理下发施工单位进行施工 ③ 施工现场必须有指定的安全员；询问施工队长对所有施工队员是否进行安全交底，并检查安全交底记录，现场填写《施工单位安全交底检查表》，并与施工队长签字确认 ④ 检查施工现场安全防护、警示标志是否完善合理，是否配备急救药箱 ⑤ 现场施工人员个人防护是否具备，如戴安全帽、穿反光衣等 ⑥ 夜间施工时，照明设施是否完善 ⑦ 督促施工单位严格按照顶管方案进行顶管作业 ⑧ 保证顶管用电"一机一闸"，并做好接地保护 ⑨ 发现安全隐患，立即停止施工，发现事故时，严格按《工程事故报告处理制度》执行 ⑩ 下钻、扩孔时，应及时向项目经理汇报顶管进度 ⑪ 顶管工作井（坑）应进行护栏围蔽，并做好明显警示标识 ⑫ 顶管现场泥土等杂物要及时清理 ⑬ 现场填写《顶管安全节点检查表》《重点工程、重点工序现场派工单》，并与施工队长签字确认，同时发信息向项目经理汇报顶管完成
架设过桥管道	监理员	① 询问施工队长对所有施工队员是否进行安全交底，并检查安全交底记录，现场填写《施工单位安全交底检查表》，并与施工队长签字确认 ② 作业处下方必须进行围蔽，并有专人看管并指挥通行，围蔽区严禁通行 ③ 施工现场安全防护、警示标志应完善合理，现场施工人员应具备个人防护措施，如戴安全帽、穿荧光衣、穿防滑鞋、安全带绑扎牢固等 ④ 施工人员应有相关特种作业证，无电工证、焊工证、登高证人员严禁施工 ⑤ 高空作业所用材料应放置稳妥，所用工具应随手装入工具袋，并与工具袋绑好，材料传递要用绳子绑扎牢固后方可传递，严禁高空抛物作业 ⑥ 严禁酒后作业 ⑦ 及时向项目经理汇报过桥管道（槽道）施工开始 ⑧ 在使用保险绳及保险带进行悬挂作业时，应使用双重保护（除悬挂工具外须另有软绳等随行保护）且有专人看护，配合作业 ⑨ 高空动火作业时，须注意焊渣、火花等落点范围，围蔽区内严禁堆放任何可燃材料、化工材料等且禁行 ⑩ 作业人员高空连续作业时间应不超过 2 小时为宜 ⑪ 施工过程中，时刻做好安全防护，尤其在施工位置变化时，不可以中断安全保护 ⑫ 施工现场余料等杂物要及时清理 ⑬ 现场填写《过桥管道（槽道）安全节点检查表》《重点工程、重点工序现场派工单》，并与施工队长签字确认，同时发信息给项目经理汇报施工完成

5.6 管道工程案例

案例 1 某传输工程项目质量控制案例

【背景材料】

现场监理人员巡视到某传输管道工程工地，发现如下情况：

1. 已挖成的光缆沟中有 1 公里多没按复测路由开挖。经查，当时施工单位人员没在现场，完全是施工单位的包工队自作主张所为。

2. 已建成的 21 个人孔中发现有 12 个人孔平面尺寸偏小，没有达到施工图规定标准，其中最大差 4.5 厘米，最小差 1 厘米。业主要求全部拆除重建。

3. 发现业主采购的 PVC 塑管壁厚、达不到设计规定标准，经口头向业主反映，业主坚持用该管施工。工程初验时管道试通有 1/3 的段不通。

【问题】

对于以上出现的问题，施工单位、监理单位和业主分别负什么责任？

【结论】

1. 施工单位将工程分包给分包单位，在分包单位施工时没有做好指导、监察工作，应负主要责任。监理人员对关键工序没有及时地监控，监理单位也要负连带责任。

2. 施工单位在施工人孔时没有按照图纸规定施工，负主要责任。监理人员没有发现施工单位出现的问题，是工程现场监理不到位的表现，监理单位要负次要责任。业主代表要求全部拆除重建的要求也是欠妥的，应该将那些超出允许误差范围，不符合管道工程尺寸规范要求的人孔拆除重建。在误差范围内的予以保留。

3. 业主接到管壁厚、达不到设计规定标准的汇报后，还坚持用该管施工，应负主要责任。而监理人员发现业主采购的 PVC 塑管壁厚、达不到设计规定标准，应向业主递交材料质量书面证明，请业主回复，而不能仅仅口头向业主反映，因此监理人员和施工人员要负次要责任。

案例 2 某通信管道工程进度控制的案例

【背景材料】

某通信管道工程在施工过程中发生下述几种情况：

1. 总包单位于 8 月 25 日进场，进行开工前的准备工作。原定 9 月 1 日开工，因业主办理通信管道报建手续而延误至 6 日才开工，总包单位要求工期顺延 5 天。

2. 分包单位在管道开挖中遇有地下文物，因此停工并采取了必要的保护措施。为此，总包单位请分包单位向业主要求顺延工期。

【问题】

1. 总包单位要求是否合理？根据是什么？

2. 总包单位请分包单位向业主顺延工期的请求是否合理？为什么？

【结论】

1. 总包单位的要求是合理的。因为通信管道报建手续是由业主来负责，而业主却没有在规定的时间内完成上述手续造成工程延期开工，这是业主的责任。所以业主应该延长工期。

2. 不合理。因为分包单位与业主无合同关系。分包单位应该将该情况以书面形式向总包单位和监理单位反映，经监理单位审查核实后，上报业主，要求顺延工期。

案例 3　某通信管道项目顶管工程安全管理案例

【背景材料】

某施工单位在承建市区某主干管道工程，在一条长 40 米的公路施工中，由于工期紧，在没有做好施工前相关准备的情况下，横跨顶管，将电信 1 条 200 对电缆顶断，造成电信市话用户中断 150 户，专线用户中断 10 户，中断时间长达 10 个小时，直接经济损失约 20 万元。

【问题】

1. 出现事故的原因是什么？

2. 应如何做好顶管施工的准备工作？

【结论】

1. 施工单位缺乏顶管的安全意识，为了赶工期，在没有做好施工前相关准备的情况下，野蛮施工，因而造成了重大通信事故。

2. 顶管工作属于通信管道工程中风险最大的一项工程，施工单位在施工前必须高度重视，做好施工前的准备工作，严格按照流程来操作。具体流程包括：制定顶管工程安全施工方案；提交顶管施工申请表和顶管施工审批表；进行顶管现场勘查并提交勘察报告和图纸；实施顶管。顶管是关键工序，监理人员必须实施旁站监理。

本章小结

通信管道是通信网的基础设施，设置地下通信管道可以大大满足线路建设扩容的需要，提高线路建设及维护的工作效率，确保通信线路的安全，同时也符合城镇市容建设的需要。

通信管道工程包括勘查设计、管沟开挖、塑管敷设、人手孔砌筑工程等内容。本章详细介绍了监理员需要熟悉的管道工程监理流程，指出了管道工程监理流程要点，根据监理流程列出了管道工程质量控制点，提出了监理员应该掌握的包括沟深宽度、沟底、塑管接口、钢管接口、包封、回填土、内外批、井底、喇叭口等 10 个方面的工艺检查规范，以及管道工程主要安全控制点及防范措施。最后对管道工程监理质量控制、进度控制以及安全管理的典型案例进行了剖析。

思考题

1. 管道工程的特点有哪些？

2. 管道工程分为哪几类？

3. 监理员在管道工程现场勘查过程中，需开展哪些工作？

4. 监理员在管道工程施工过程中，需开展哪些工作？

5. 管道建筑环节有哪些质量控制点？质量检查要求有哪些？

第 **6** 章

通信光缆工程监理

本章提要

本章主要介绍通信光缆工程项目的监理。通过本章的学习，读者应了解和熟悉通信光缆工程的意义、特点及分类，认识主要设备及材料构成；掌握通信光缆工程监理流程，了解质量控制要点及检查要求；掌握光缆工程主要安全控制点及防范措施；通过案例理解光缆工程监理实施过程中对"三控"、"三管"、"一协调"的运用过程。

6.1 通信光缆工程概述

6.1.1 工程意义

光纤通信以其独特的优越性成为当今信息传输的主要手段。过去数十年间，各通信运营商的光纤网络建设都有了突飞猛进的发展：从光纤市话局间中继到长途光缆干线；从骨干光网络到光纤城域网、用户接入网；从传统电信运营商到各行业、各部门专用传输网，我国大规模地开展了光纤通信网络建设。光纤通信网的传输载体是通信光缆。

通信光缆自 20 世纪 70 年代开始应用以来，现在已经发展成为长途干线、市内电话中继、水底和海底通信以及局域网、专用网等有线传输的骨干，并且已开始向用户接入网发展，由光纤到路边（FTTC）、光纤到大楼（FTTB）等向光纤到户（FTTH）发展。

6.1.2 工程特点

光缆作为一种主要的传输介质，因其性能、铺设方法与传统的全塑电缆、同轴电缆不同，通信光缆工程有着如下特点。

① 光缆线路的中继距离长，所需中继器数量比传统电缆工程少得多，在本地网中一般无需设中继站。

② 由于光缆重量轻，体积小，管道及楼宇布放时可方便敷设光缆，大大提高了工程建设进度。同时可以一个管孔中敷设多条光缆，以节省投资。

③ 光缆接头装置及剩余光缆的放置必须按规定标准进行，以保证光纤应有的曲率半径，尽可能地减少光信号的衰减。

6.1.3 工程分类

针对各种应用和环境条件等，光缆敷设的方式分为架空光缆、管道光缆、直埋光缆和水底光缆 4 种类型。

（1）架空光缆

架空光缆是架挂在通信杆上使用的光缆。这种敷设方式可以利用原有的架空明线杆路，节省建设费用，缩短建设周期。架空光缆挂设在电杆上，要求能适应各种自然环境。架空光缆易受台风、冰凌、洪水等自然灾害的威胁，也容易受到外力影响和本身机械强度减弱等影响，因此架空光缆的故障率高于直埋和管道式的光缆。一般用于不适合或暂时不具备直埋或管道地段、郊区和农村地区。

（2）管道光缆

管道敷设一般是在城市地区，管道敷设对光缆保护比较好，因此对光缆护层没有特殊要求，无需铠装。管道敷设前必须注意敷设段的长度和接续点的位置，使接续点落在人（手）井中。敷设时可以采用机械旁引或人工牵引，一次牵引的牵引力不要超过光缆的允许张力。

（3）直埋光缆

这种光缆外部有钢带或钢丝的铠装，直接埋设在地下，要求有抵抗外界机械损伤的性能和防止土壤腐蚀的性能。要根据不同的使用环境和条件选用不同的护层结构，例如在有虫鼠害的地区，要选用有防虫鼠咬啮的护层的光缆。

根据土质和环境的不同，光缆埋入地下的深度一般在 0.8m 至 1.2m 之间。在敷设时，还必须注意保持光纤应变要在允许的限度内。

（4）水底光缆

水底光缆是敷设于水底穿越河流、湖泊和滩岸等处的光缆。这种光缆的敷设环境比管道敷设、直埋敷设的条件艰苦得多。水底光缆必须采用钢丝或钢带铠装的结构，护层的结构要根据河流的水文地质情况综合考虑。例如在石质土壤、冲刷性强的季节性河床，光缆遭受磨损、拉力大的情况，不仅需要粗钢丝做铠装，甚至要用双层的铠装。施工的方法也要根据河宽、水深、流速、河床土质等情况进行选定。由于水底光缆的敷设环境条件比较严峻，修复故障的技术和措施也困难得多，所以对水底光缆的可靠性要求也比直埋光缆高。

本章以管道光缆工程为例，介绍有关工程监理流程及质量检查要求。

6.2 光缆工程常用设备及材料

6.2.1 工程常用设备及材料介绍

通信光缆工程常用设备及材料包括光缆、光缆连接装置、光缆测试装置、光缆成端设备以及光缆保护材料等。主要设备及材料见表 6-1。

表 6-1　　　　　　　　　　光缆工程常用设备及材料一览表

序号	设备/材料名称	型号/规格（举例）	功　　能
1	通信光缆	GYTA-24B1	传输光信号
2	光纤跳线	SC/PC-SC/PC-3m	设备之间的连接
3	光分路箱	TK/PLC-350×460×100	提供光纤的熔接、终端、配线及分线
4	ODF 单元箱	TK-119A	光缆成端
5	光缆接头盒	GJS-24-S	存放光缆接头
6	五色子管	/	保护光缆，防止摩擦损伤
7	堵塞	/	防止泥沙进入
8	单芯熔接保护套管	RBG-1	保护光纤熔接点
9	裸纤保护管	SB	保护裸纤
10	光缆交接箱	TK-GJX010	用于室外的主干光缆与配线光缆连接的接口设备，能实现光纤的接续
11	光纤熔接机	DVP-730	熔接光纤
12	光纤切割刀	DVP-105	处理光纤端面
13	光时域反射仪	OTDR FTB200	测量光纤损耗、色散、长度等参数
14	光缆横向开缆刀	DVP-10H	开剥光缆

有关说明：

（1）通信光缆

通信光缆是由若干根（芯）光纤构成的缆心和外护层所组成。光纤传输容量大；衰耗少；传输距离长；体积小；重量轻；无电磁干扰；成本低，是当前最有前景的通信传输媒体。它正广泛应用于电信、电力、广播等各部门的信号传输上，将逐步成为未来通信网络的主体。光缆在结构上与电缆主要的区别是光缆必须有加强构件去承受外界的机械负荷，以保护光纤免受各种外机械力的影响。

（2）ODF 架

ODF 架即光纤配线架，为现在通信配线设备中的主要设备。ODF 架是专为光纤通信机房设计的光纤配线设备，具有光缆固定和保护功能、光缆终接功能、调线功能、光缆纤芯和尾纤保护功能。既可单独装配成光纤配线架，也可与数字配线单元、音频配线单元同装在一个机柜/架内，构成综合配线架。该设备配置灵活，安装使用简单，容易维护，便于管理，是光纤通信光缆网络终端，或中继点实现排纤、跳纤光缆熔接及接入必不可少的设备。

（3）光缆接头盒

光缆接头盒又叫光缆接续盒，主要适用于各种结构光缆的架空、管道、直埋等敷设方式的直通和分支连接。盒体采用进口增强塑料，强度高，耐腐蚀，终端盒适用于结构光缆的终端机房内的接续，结构成熟，密封可靠，施工方便。广泛应用于光缆网络系统。

（4）光纤跳线

光纤跳线用来做从设备到光纤布线链路的跳接线。有较厚的保护层，一般用于光端机和终端盒之间的连接。光纤跳线两端的光模块的收发波长必须一致，在使用中不要过度弯曲和绕环，否则会增加光在传输过程的衰减。光纤跳线使用后，一定要用保护套将光纤接头保护起来，防止灰尘和油污损害光纤的耦合；如果光纤接头被弄脏了，可以用棉签蘸酒精清洁，否则会影响通信质量。

（5）尾纤

尾纤又叫猪尾线，只有一端有连接头，而另一端是一根光缆纤芯的断头，通过熔接与其他光缆纤芯相连，常出现在光纤终端盒内，用于连接光缆与光纤收发器。

（6）其他配套材料

五色子管以及堵塞子管是一种 PVC 管，一般直径为 25～32mm，在通信管道中常用于穿放直径较小的光电缆。而通信管道建设时，为了能满足穿放直径较大的电缆，一般都埋设直径为 110mm 的波纹管，当需要穿光电缆时，为了避免浪费资源，就要在波纹管中先穿放子管，然后再穿放光缆。为了防止进入泥沙，用子管堵塞进行堵头防护。

6.2.2 设备及材料实物图片展示

设备/材料名称	型号/规格	功　能
通信光缆	GYGA-24B1	传输光信号

光缆盘

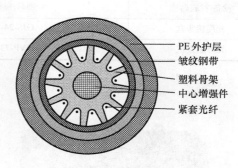

直埋骨架式光缆结构

PE 外护层
皱纹钢带
塑料骨架
中心增强件
紧套光纤

设备/材料名称	型号/规格	功　能
光纤跳线	FC/FC-3m	设备之间的连接

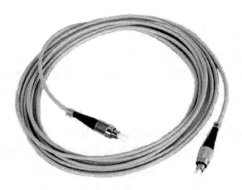

单模光纤跳线（黄色）

多模光纤跳线（橙色）

设备/材料名称	型号/规格	功　能
光分路箱	TK/PLC-350×460×100	提供光纤的熔接、终端、配线及分线
ODF 单元箱	TK-119A	光缆成端

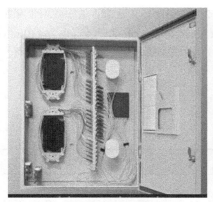

光分路箱

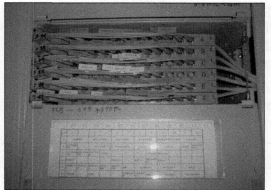

ODF单元箱

设备/材料名称	型号/规格	功　能
光缆接头盒	GJS-24-S	存放光缆接头
光纤熔接机	DVP-730	熔接光纤

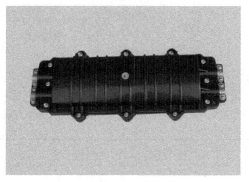

光缆接头盒

光纤熔接机

设备/材料名称	型号/规格	功　　能
光纤切割刀	DVP-105	处理光纤端面
光时域反射仪	OTDR FTT1000	测量光纤损耗、色散、长度等参数

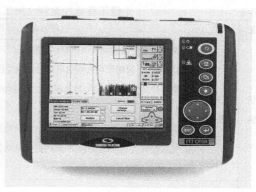

光纤切割刀　　　　　　　　　　　　　　　　光时域反射仪

设备/材料名称	型号/规格	功　　能
光缆横向开缆刀	DVP-10H	开剥光缆，去掉外护层
光纤去涂钳	/	去掉光纤涂覆层，处理光纤使用

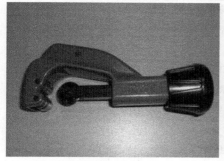

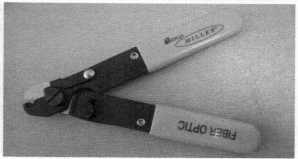

光缆横向开缆刀　　　　　　　　　　　　　　光纤去涂钳

6.3　光缆工程监理流程

6.3.1　监理流程要点

　　光缆线路工程监理流程总体上也分为施工准备阶段、施工阶段、验收阶段及监理资料归档整理 4 个阶段。光缆线路施工与测试是光纤通信系统建设的主要环节，其中在施工阶段的 PE 子管敷设、光缆敷设、光缆接续阶段是管道光缆工程的关键流程。光缆传输性能的优劣、线路施工质量的好坏，都直接影响系统的通信质量，所以光缆工程在施工的各个环节中均应精细组织，严格管理，并符合各项施工标准与规范，严格履行监理流程是保证工程质量的重要措施。

6.3.2　监理流程介绍

根据以上要点，对施工准备及施工阶段的监理流程及具体实施过程进行介绍，见表6-2。而验收阶段及监理资料归档整理阶段的监理流程与前述管道工程监理流程一致，见表5-2，在此省略。

表 6-2　　　　　　　　　　　　光缆工程监理流程（施工准备及施工阶段）

工作流程		岗位	过程指导	结果文件
施工准备阶段	现场勘察	监理员	① 现场监理督促设计人员做好设计勘察工作，主要有：确定路由，绘制草图等，根据现场勘察情况做好记录工作 ② 填写好勘察记录表后，当天或第二天晨会时将勘察记录提交项目经理 ③ 审核设计人员勘察记录，并在设计人员勘察记录手稿上签字确认 ④ 要求设计人员在勘察后 3 天内提交勘察报告给建设方网优设计负责人和监理项目经理审核	《通信光缆工程勘察记录表》
	会审	项目经理	① 准时参加会审会议，会议开始前，安排与会人员签到 ② 在会审期间，根据对设计文件审核记录逐项对设计单位说明存在问题和整改要求 ③ 详细记录其他人员提出的其他问题和整改要求	《施工图纸审核记录表》 《设计文件审核意见表》 《通信光缆工程勘察记录表》 《设计会审纪要》 《设计文件监理审核意见表》 《设计变更通知单》
施工阶段	施工组织设计审核	总监理工程师	① 要求施工单位按照建设期提交施工组织设计，审核施工单位资质是否与标书一致，要求其施工人员具备证件，包括机房出入证、施工证和动火证等 ② 审核要点：工期、进度计划、质量目标应与施工合同、设计文件相一致；施工方案、施工工艺应符合设计文件要求 ③ 施工技术力量、人数应能满足工程进度计划的要求；施工机具、仪表、车辆配备应能满足所承担施工任务的需要 ④ 质量管理、技术管理体系健全，措施切实可行且有针对性；安全、环保、消防和文明施工措施，切实可行并符合有关规定 ⑤ 在仪表使用之前，检查是否有质量技术监督局年检凭证	《施工单位资质审核表》 《施工组织设计报审表》 《仪器仪表报审表》
	开工报告审核	总监理工程师	① 总监理工程师要求施工单位在工程开工前 5 天提交本期工程开工报告审核 ② 开工报告审核主要内容有：开竣工日期符合建设需求、主要工程内容、工程准备情况及主要存在问题等。总监理工程师审核通过后在开工前 3 天提交监理方审核，建设方审核通过，由总监理工程师签发开工令安排施工单位进场施工	《开工报告报审表》 《开工报告》
	安全交底	监理员	① 安全交底不能走形式，一定要一条一条与施工人员现场进行安全交底工作，并真实记录交底情况 ② 交底后要与施工队长（或现场施工负责人）签字确认	《光缆工程施工安全交底表》

工作流程	岗位	过程指导	结果文件
	路由复测	监理员	① 监理员检查施工单位是否依据图纸核实了路由走向，路由走向应清晰，管井间的距离应与设计图纸相符，路由中应无障碍 ② 监理员检查施工单位是否依据图纸核实了子管占用的管孔位置、布放光缆占用的子管颜色及位置，要求图纸与现场情况一致 ③ 监理员检查施工单位是否依据图纸核实了接头位置，接头位置应选在人（手）孔内 ④ 监理员检查施工单位是否依据图纸核实了路由中的参照物，要求参照物比较明显、路名清晰	《路由复测记录表》
施工阶段	施工进场材料检查	监理员	① 核对单盘光缆的规格、程式和长度应符合订货合同规定或设计要求 ② 检查单盘光缆的端别（A 端红色，B 端蓝色）、盘长示意清晰 ③ 检查缆盘包装是否损坏，然后开盘检查光缆外皮有无损伤，光缆端头封装是否良好，对于包装严重损坏或光缆外皮有损伤的，应做详细记录 ④ 填充型光缆应检查填充物是否饱满 ⑤ 检查光缆是否有出厂的质量合格证和测试记录 ⑥ 单盘光缆检验完毕，施工单位应恢复光缆端头密封包装 ⑦ 监理员检查子管规格、颜色，应符合设计文件要求 ⑧ 监理员检查子管质量，管壁不允许有气泡、分解变色线及明显的杂质	《光缆工程材料检查表》
	PE 子管敷设	监理员	主要采用巡检和平行检查的方式进行监理	《光缆工程施工工艺检查表》
	光缆敷设及接续	监理员	① 光缆配盘尽量做到整盘敷设，减少中间接头 ② 光缆敷设 ③ 光缆光纤接续必须符合要求，确保接续质量并注意标明端别 ④ 现场要求施工单位在光缆接续完成后进行双窗口测试并做好记录，衰减值应符合标准 ⑤ 接头盒的封装以及接头保护的安装必须符合要求	《光缆工程施工工艺检查表》 《光缆工程安全节点检查表》

6.4 光缆工程质量控制点及检查要求

6.4.1 质量控制点及检查要求

光缆工程主要的质量控制环节包括勘查设计、路由复测、PE 子管敷设、光缆敷设、光缆接续等几个方面，在每个方面都有具体的质量控制点和质量检查要求，见表 6-3。

表 6-3　　　　　　　　　　　　　　　光缆工程主要质量控制点及检查要求

项目	控制内容	质量要求
勘察设计	勘察现场作业的质量控制	① 现场勘察时，需记录详细路由中的参照物等信息，路由走向应清晰，并做好记录，现场监理签名确认 ② 用测试轮测试距离时需准确无误，做好记录，现场监理签名确认 ③ 勘察人员应现场确认好布放子管占用位置及子管占用位置及颜色，并做好记录，现场监理签名确认 ④ 勘察人员应现场确认好管井位置、接头井位置，并做好记录，现场监理签名确认
	勘察文件的质量控制	① 设计图纸应与现场勘察的记录一致 ② 预算套取定额应合理，材料选取应与建设单位中标单位型号一致
路由复测	路由检查	① 现场路由与图纸相符，走向清晰 ② 管井位置、管井间的距离应与设计图纸相符 ③ 现场路由无障碍
	管孔子管占用	监理员检查施工单位是否依据图纸核实了子管占用的管孔位置、布放光缆占用的子管颜色及位置，要求图纸与现场情况一致
	接头位置	监理员检查施工单位是否依据图纸核实了接头位置，接头位置应选在人（手）孔内，并在人（手）孔外面喷漆标识
	参照物	监理员检查施工单位是否依据图纸核实了路由中的参照物，要求参照物比较明显、路名清晰（例如××大厦、××路××号、××公园等）
PE 子管敷设	PE 子管敷设	① 连续布放塑料子管的长度不超过 300m，子管不得有接头 ② 子管严禁跨井敷设 ③ 每隔 30m 要求用扎线绑扎 ④ 子管出人手孔余长 15～20cm ⑤ 子管布放完毕，应用子管塞（帽）将子管口堵塞；管口需用梅花堵头固定
光缆敷设	光缆配盘	① 光缆配盘必须考虑各路段长度，避免把长光缆剪断造成接头增加甚至不必要的浪费 ② 根据单盘测试结果和复测资料选配单盘光缆，尽量做到整盘敷设，减少中间接头
	光缆敷设	① 应按设计要求的 A、B 端敷设光缆，敷设光缆时，严禁弯折、扭曲光缆，一次牵引长度不得超过 1000m，采取 "∞" 字盘留方式敷设，"∞" 字内径不小于 2m ② 人工布放光缆时，每个人（手）孔应有人值守；机械布放光缆时，拐弯人（手）孔应有人值守 ③ 光缆穿入管孔或拐弯时，应采用导引装置或喇叭口保护管，不得损伤光缆外护层。根据需要可在光缆周围涂中性润滑剂，手井井框上可铺放海绵等防止光缆外皮损伤 ④ 光缆占用何种颜色的子管应与设计文件指定的颜色相符 ⑤ 光缆布放的曲率半径大于光缆外径的 20 倍；光缆出子管孔弯曲半径不小于光缆直径的 15 倍 ⑥ 光缆在人（手）孔内应穿塑料软管保护，子管与塑料软管连接处用自粘胶带缠扎密封 ⑦ 光缆在人（手）孔内用扎线绑扎并固定在人（手）孔壁上的穿钉上（不得使用扎带绑扎光缆），要求整齐美观，固定方式全程统一 ⑧ 每个人（手）孔内两端必须挂光缆标志牌，标志牌需注明运营商名称、施工单位名称、工期、光缆起点、终点和光缆纤芯数布放光缆时，需根据设计文件指定位置及长度做光缆预留，以便于日后的维护工作 ⑨ 接头所在人（手）孔内的光缆留长按 10m 每侧预留，预留光缆盘好后固定在井内

项目	控制内容	质量要求
光缆接续	光纤接续	① 接续环境要干净整洁，且有工作棚，接续工具齐全、完好，接续人员持证上岗 ② 光纤接续应连续作业，以确保接续质量。当日确实无法完成的光缆接头，应采取端帽密封的方式进行，不得让光缆受潮 ③ 光缆内金属构件在接头处应电气断开 ④ 光缆纤芯收容和盘绕应一致美观，施工单位做好记录 ⑤ 接续两侧光缆应挂光缆牌，并注明端别
	损耗测试	现场要求施工单位在光缆接续完成后进行双窗口测试并做好记录，现场监理签字确认，衰减值应符合以下标准：在 1310mm 波长上，不大于 0.4dB/km；在 1550mm 波长上，不大于 0.22dB/km
	接头盒的封装以及接头保护的安装	主要采用旁站的方式进行监理，接头盒的封装以及接头保护的安装必须符合以下要求： ① 接头盒接口处用热缩管封堵好，封烤热缩套管前，需清理周围的可燃物质 ② 接头盒应尽量安装在人（手）孔内较高的位置，避免人（手）孔中积水浸泡，安装位置不应影响人（手）孔中其他光缆、电缆接头的安放；接头盒安装要牢固，并在密封前要放入防潮剂，预留光缆应有保护措施

6.4.2　质量检查图解

根据以上质量控制点，明确实际光缆工程现场监理的工艺检查要求和监理的标准。通过现场图片和案例，重点学习光缆盘放、光缆接头和预留绑扎、钢管保护、防火泥、子管塞、ODF 架及标识、接头盒安装等几个方面的工艺质量检查规范。并通过工艺检查案例，进一步了解和掌握光缆工程相关的国家及行业规范。见附录 G。

1．光缆盘放

检查标准	检查记录	检查结论
按 A、B 端敷设光缆，光缆的一次牵引长度不得超过 1000m，超长时，应采取盘"∞"字，内径不小于 2m	布放光缆盘"∞"字	☑合格 □不合格

敷设光缆8字 √

·防止光缆扭曲

×

光缆敷设杂乱

2. 钢管引上及封堵

检查标准	检查记录	检查结论
一般引上钢管为φ115无缝钢管,能敷设五色子管,高2.5m,固定好后喷移动标志(注:特殊情况用小钢管代替,不作要求)	管道有防火泥,空子管有子管塞	☐✔合格 ☐不合格

六色子管有防火泥,子管塞封堵

无防火泥,子管塞封堵

3. 光缆接头、预留及绑扎

检查标准	检查记录	检查结论
接头两端应做预留(7~8 m),预留光缆应盘放在邻杆上捆扎整齐,采用挂钩或盘架固定	接头固定牢固,预留光缆绑扎整齐	☐✔合格 ☐不合格

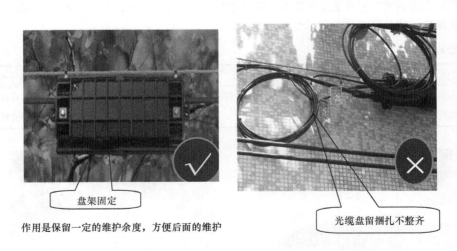

盘架固定

光缆盘留捆扎不整齐

作用是保留一定的维护余度,方便后面的维护

4. 与电力线交越时的保护

检查标准	检查记录	检查结论
与电力线交越时,应采用胶管等绝缘材料将钢绞线做绝缘处理(保护距离两端超出交越距离)	钢管采用胶管保护,与钢绞线做绝缘处理	☐✔合格 ☐不合格

采用胶管保护

保护不够，与电力线交越时左右保护长度为：1.5～2M

- 作用是防止干扰，起到保护光缆的作用

5. 光缆端口标识

检查标准	检查记录	检查结论
每根电杆两端以及接头盒两端都需要按照 A、B 方向挂标识牌和做保护	A、B 端均有标识牌	☑✔合格 ☐不合格

接头盒的A、B方向都挂有标识牌

杆路的A、B方向无标识牌

6. 进线孔封堵

检查标准	检查记录	检查结论
光缆敷设完成后，进线孔需用防火泥封堵	光缆敷设完已用防火泥封堵	☑✔合格 ☐不合格

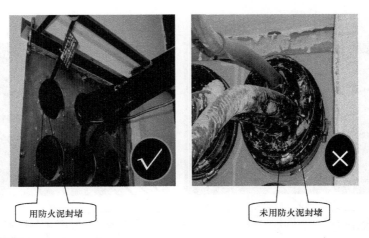

用防火泥封堵 　　　　　　　　　　　未用防火泥封堵

7. ODF 架标识

检查标准	检查记录	检查结论
ODF 架、ODF 面板临时标签内容需与实际纤芯成端顺序相符	标示清楚，与实际纤芯成端顺序相符	□✔ 合格 □不合格

标示清楚

8. 子管布放

检查标准	检查记录	检查结论
子管布放完毕，应用子管塞（帽）将子管封堵，管口需用梅花堵头固定	空余子管用子管塞封堵	□✔ 合格 □不合格

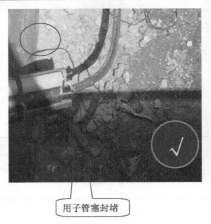

用子管塞封堵 　　　　　　　　　　　无子管塞封堵

9. 接头盒安装

检查标准	检查记录	检查结论
光缆接头盒应安装牢固，光缆余线应捆扎整齐，并挂好标志牌	接头盒固定牢固，捆线整齐美观，标示清楚	☐✔合格 ☐不合格

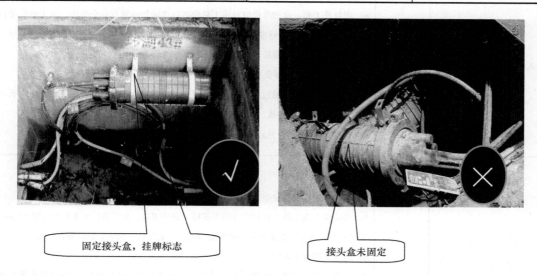

固定接头盒，挂牌标志　　　　　接头盒未固定

6.5　光缆工程安全管理及防范措施

6.5.1　光缆工程安全管理的意义

　　光缆工程建设的特点是地域覆盖广，敷设方式多，技术要求高。相对于传统的通信电缆，光缆有着承载的信息量大、传输距离长的优点，但是，对于光缆线路工程的建设，光缆的敷设与接续成端技术要求较高。施工人员的安全意识对光缆敷设、光纤的熔接与保护，光纤到机房 ODF 架成端、光缆割接等关键工序有着重大影响，所以在施工过程中，根据光缆工程建设的特点找出安全控制关键节点进行管理，是确保光缆工程建设安全生产、减少通信事故及人员伤亡发生的重要举措。

6.5.2　安全控制点及防范措施

　　根据光缆工程安全管理的要求，以光缆工程项目安全员资格审查、人手孔安全检查、光缆割接、ODF 架安装等节点为例，详细介绍有关安全控制措施，见表 6-4，从而树立安全管理的意识，明确监理员安全管理的任务。

表 6-4   光缆工程主要安全控制点及防范措施

安全节点	责任人	主要控制措施
安全员及施工资格审查	监理员	① 施工现场必须有安全员和现场负责人在场 ② 进行设备加电施工人员需持有电工证，高空作业施工人员必须持有登高证
人（手）孔安全检查	监理员	①开井前： a. 项目开工前，监理单位应对施工单位进行传输管线项目安全交底，施工单位项目经理应对施工队长进行项目安全交底，施工队长应对施工人员进行项目安全交底 b. 检查施工人孔周围是否放置雪糕筒和彩带围蔽。 ② 开井后：开井后督促施工人员进行人孔通风处理，未做处理不可下井 ③ 施工中：施工中通过观察或询问，了解井内作业人员的感觉情况，如出现呼吸不畅、眼花、胸闷等症状，及时勒令停止施工；继续通风后再进行施工 ④施工后：检查是否盖起井盖
光缆割接	监理员	① 割接前： a. 现场需配置一名安全员并佩戴袖标，施工人员必须穿反光衣和戴安全帽 b. 在道路上施工作业区周围应用雪糕桶、彩带围蔽，郊区道路距来车方向需≥50m、市区道路距来车方向需≥10m 的地点应设置反光的施工标志和危险警告标志 c. 清理周围可燃物质 d. 对准备割接的光缆挂牌确认，同时进行 ODTR 光缆短纤测试，确认割接光缆无误 e. 割接前电话知会监控中心传输室备案 ② 割接中： a. 发送割接开始短信至监控室，同时发短信向项目负责人汇报报割接开始 b. 热缩套管封焊时，需粘贴隔热纸，以防烧坏光缆 c. 光缆熔接完成后，测试组完成 OTDR 测试，光源、光功率对光，并将 OTDR 测试曲线和光功率值存储；确认所使用纤芯状态正常，测试符合指标 ③ 割接后： a. 割接完成后，询问监控室，查询该条光缆的业务是否有告警发生。留守现场 10 分钟，再次与监控室确认无异常告警和性能事件告警。 b. 确认无告警之后，发割接成功短信至监控室，结束割接 c. 现场余料清理完毕，盖好井盖。现场填写《割接工序安全节点检查表》
ODF 架安装	监理员	① 施工前： a. 项目开工前，监理单位应对施工单位进行传输管线项目安全交底，施工单位项目经理应对施工队长进行项目安全交底，施工队长应对施工人员进行项目安全交底 b. 评估施工人员操作熟练程度 ② 施工中：监理员对现场旁站监理，发现有违规操作时，须立即中止其施工并纠正

6.6　光缆工程案例

案例1　关于某长途光缆工程进度控制案例

【背景材料】

某长途光缆工程，施工单位进行光缆（48芯）单盘检测，其中一盘有2芯1550nm衰耗达0.37dB/km严重超标，施工单位与监理人员共同签认该盘光缆测试记录。为赶工期，施工单位于次日凌晨开始工作，错将该盘光缆运到现场。当监理人员按正常工作时间到达工地时，施工单位已将该盘光缆吹进管道。为此，监理人员要求施工单位将该光缆吹出来，同时要求施工单位给业主打报告，更换光缆（光缆由业主负责采购），而施工单位要求为此增加工期。

【问题】

1. 监理人员需不需要负监理不到位的责任？
2. 施工方要求增加工期是否具有合理性？

【结论】

1. 监理人员不需要负监理不到位的责任。这涉及到"见证点"的问题，在规定的关键工序（控制点）施工前，施工单位应提前通知监理人员在约定的时间内到现场进行见证和对其施工实施监督，如果监理人员未能在约定的时间内到现场见证和监督，则负有监理不到位责任。

2. 施工方要求增加工期不合理。施工单位没有提前通知监理人员施工单位于次日凌晨开始工作（不在正常工作时间内），并且没有提前通知监理人员，错将该盘质量不合格的光缆吹进管道，自己承担全部责任。

案例2　某光缆割接安全管理案例

【背景材料】

接到某基站搬迁需求后，监理人员同施工单位一同去现场摸查，发现基站一共有3条12芯的光缆接入，其中一条连接该搬迁站，另外2条，不需要搬迁。向传输网管咨询得知：该搬迁站所在的环上有4个站点汇聚到传输机房。按照以往割接经验，割接此点，不会中断业务，也不会影响到其他站点的业务。

监理人员在割接前给传输网管和传输监控室打电话通知割接事项，然后到机房查看设备拆除情况。不久，接到传输监控室电话，反映除了该搬迁站业务中断外，还出现了其他站点的业务中断，监理人员立即到机房外查询，发现施工人员对上述3条12芯的光缆进行了割接，监理员立即要求施工人员紧急抢修光缆、复原工作。

【问题】

监理人员在施工现场存在哪些问题？

【结论】

1. 监理人员只是电话通知申请闭站后实施闭站，没有书面的批复报告，没有按流程处理，没有建设方的文字批复。

2. 监理人员在监理过程中主观臆断，认为该基站搬迁的光缆割接不会影响其它站点，存在着侥幸心态，故未按割接流程办事，未打割接申请便决定实施割接工作。

3. 由于监理人员未在现场对施工人员进行安全交底和施工交底，施工人员（含代维人员）在现场未等监理人员确认就擅自剪断光缆，进行野蛮施工，因此责任还在监理方。

案例 3　关于某光缆工程材料质量控制案例

某长途管道气吹敷设光缆工程管道已敷设，光缆已吹放、接续，有关隐蔽工程监理已经签字确认，在中继段测试时，光缆有几段 PMD（偏振模式色散）值不合格，按照光缆订货合同规定，光缆的 PMD 值由厂家负责保证，故认定光缆质量问题由厂家责任，更换有问题光缆，并承担所有费用。

【问题】

对于 PMD 值不合格，需要更换光缆，监理单位是否要承担责任？

【结论】

PMD 值不合格换缆问题，监理单位存有责任，虽然按照光缆订货合同规定，光缆的 PMD 值由厂家负责保证，但是设备、材料进场前应由监理单位进行点验，经点验合格后，才能进场使用。

本章小结

光缆在我国发达的通信网络中早已成为主流传输介质，光缆线路工程的投资占整个通信网投资的比重越来越大，每年各种大大小小的光缆工程不计其数，因此，光缆工程质量的保证是通信网正常高效运行的前提条件。

本章从管道光缆工程的特点入手，介绍了通信光缆工程中常用的设备材料，介绍了监理员需要熟悉的光缆工程监理流程，指出了光缆工程监理流程要点，根据监理流程，列出了管道光缆工程质量控制点，提出了监理员应该掌握的包括勘查设计、路由复测、PE 子管敷设、光缆敷设、光缆接续和割接等几个方面的质量控制点和工艺检查规范，并介绍了光缆工程项目安全员资格审查、人手孔安全检查、光缆割接、ODF 架安装等主要安全控制点及防范措施。最后对光缆工程典型案例进行了剖析。

思考题

1. 通信光缆工程的光缆敷设方式分哪几类？
2. 光缆工程主要质量监控点有哪些？
3. 光缆工程主要安全控制点有哪些？
4. 通信光缆工程光缆敷设的质量要求是什么？
5. 光缆割接中应注意哪些安全事项？

第 **7** 章

数据及交换设备安装工程监理

本章提要

本章主要介绍数据及交换设备安装工程项目监理。通过本章的学习，读者应了解数据及交换设备安装工程的意义、特点及分类，认识主要设备及材料构成；掌握设备安装工程监理流程，了解质量控制要点及检查要求；掌握设备安装工程主要安全控制点及防范措施；通过案例理解数据及交换设备安装工程监理实施过程中对"三控"、"三管"、"一协调"的运用过程。

7.1 数据及交换设备安装工程概述

7.1.1 工程意义

交换网及数据业务网是通信网络的重要组成部分，交换设备是整个现代通信网的核心，在全网中处于通信网络的控制层，它的基本功能是实现将连接到交换设备的所有信号进行汇集、转发和分配，从而完成信息的交换。随着通信技术发展及业务需求，现阶段公用通信网络所采用的主要交换技术有电路交换和软交换，近年来固网交换网、移动交换网和 IMS（IP 多媒体子系统）等主流交换系统已在各大运营商的通信网络上有大量的商用案例；交换网络在通信网络中主要负责固定电话网和移动通信网中的语音业务的接入和汇接交换中心的作用，是整个通信网络中的核心层。各运营商一般都将移动通信网的交换中心和固定电话网的汇接局比较集中地建设在通信枢纽大楼内，以便于开展设备维护和安全保卫工作。现阶段电路交换设备由于不能适应上述网络技术发展和网络演进的技术要求，正在逐步退出移动通信网的交换中心，近年新建的交换中心主要以软交换设备为主。

数据业务网是指各运营商在通信数据业务产品服务平台的统称，大部分的主流数据业务网产品都是手机用户日常使用的业务平台，如电话彩铃、短信、彩信、WAP 网关、手机邮箱、语音信箱、飞信等。近几年来数据业务的快速发展为各通信用户带来丰富的通信产品服务及体验，同时，数据新业务也成为各运营商的网络运营收入的主要增长点。数据业务网平台在通信网络中的网络部署应用主要是依托现有的交换网及用户资源、通过承载网和互联网等网络接口，搭建网络平台，并通过数据业务网自有的业务系统平台为用户提供数据增值业务。

本章介绍的数据及交换设备安装工程就是针对上述交换网和数据业务网的开通、调测、运行和维护所开展的工程项目。以上两个专业的工程建设由于网络层次比较接近，在工程建设管理及监理工作方面也采用类似的工程管理模式和措施，在后续的工程监理工作介绍时，一般采用一致的管理，若有不一致的内容，再另外指出。

7.1.2 工程特点

数据及交换设备安装工程监理工作与其他专业监理工作相比，有其独特的特点，主要表现在下列几个方面。

（1）数据及交换设备安装工程量集中性比较强，工程工期比较紧。一般来说，交换工程建设的高峰期出现在端午节、中秋、春节前一到两个月内，其他月份都是工程的淡季，在 3 个工程高峰期内，将近要建设完成交换工程整年工程量的 90%以上，高度集中的工程量给工程监理工作带来了一定的难度。

（2）数据及交换设备安装工程对监理人员的专业技术水平要求比较高。交换工程是一个技术要求比较高的专业，软件调测、局数据的制作都需要具备专业知识的人员进行，为了保证监理人员与局方人员、调测人员进行有效的沟通，监理人员也必须具备一定的交换专业知识，能够看懂调测流程，进行一些常规的功能验证测试，能够准确地描述工程进展和汇报工程故障、事故情况，保证工程信息的准确性。

（3）数据及交换设备安装工程事故影响面大、安全施工至关重要。有的交换局承载 500 万个用户，只要进行不当操作，将可能导致交换局瘫痪、大面积通信中断，影响业主通信网络正常运营，在交换工程施工过程中，保证安全施工至关重要，要求监理人员有强烈的安全意识和安全施工控制能力，对施工安全、文明较强的监管力度。

（4）涉及专业比较广。数据及交换设备安装工程涉及的专业不仅有交换专业，还包括计算机网络专业、电源专业、传输专业、无线专业等，这要求监理人员不仅要具备交换专业知识，还要具有上述其他专业知识，更好地保证交换工程顺利的实施。

（5）涉及单位、部门比较多，沟通协调工作比较大。数据及交换设备安装工程涉及网管、计费、承载网、传输、时钟等，牵扯到局方许多部门，需要配合的工作比较多，沟通协调工作比较大，针对这一点，需要监理人员有较强的沟通协调能力，有丰富的工程管理经验。

7.1.3 工程构成

数据及交换设备安装工程由数据工程和交换工程组成，其主要内容如下。

1. 数据网工程

数据网工程依托现有的交换网及用户资源、通过承载网和互联网等网络接口，搭建网络平台，并通过数据业务网自有的业务系统平台，为用户提供数据增值业务。

2. 交换工程

交换工程包括固网交换网、移动交换网和 IMS（IP 多媒体子系统）等主流交换系统。常用的软交换网以移动网为例，主要的网元有 MSC-S、MGW、RNC、HLR、GMSC 等。

7.2　数据及交换设备安装工程常用设备及材料

7.2.1　常用设备及材料介绍

数据及交换设备安装工程常用设备及材料包括数据及交换主设备、ODF 架、路由器、电源及配电装置、线缆及走线槽等。主要设备及材料见表 7-1。

表 7-1　　　　　　　　　数据及交换设备安装工程主要设备及材料一览表

序号	设备/材料名称	型号/规格（举例）	功能
1	软交换 GM	CPP 平台	承载业务\交换处理
2	基站控制器 BSC	AXE810 设备	进行无线信道管理，实施呼叫和通信链路的建立和拆除，并为本控制区内移动台的过区切换进行控制等
3	网关移动业务交换中心 GMSC（GW）	UMG8900 设备	关口局，实现与各运营商之间互联业务的承载，并可作为本地话务的转接
4	路由器 CE	Quidway NetEngine 40E	主要用于 IP 网络的架构，提供相应的线整接口
5	归属位置寄存器 HLR	APZ 212 50	存储该 HLR 控制的所有存在的移动用户的相关信息
6	走线槽	600mm、800mm	为机房线缆布放提供条件
7	ODF 架	GPX97-D2a（2200mm × 600mm × 300mm）	作为光纤成端及跳纤点的转接
8	交流列头柜	2000 × 600 × 200	为机房整列设备提供电源
9	标准网络机柜	W × D × H=600mm × 800mm × 2000mm	标准机柜，用于存放交换机、路由器、终端等
10	交流配电屏	GCD66-M	具备二路输入主/备自动切换功能、开关功能，同时支持人工转换，机械联锁，具备相应的主备用回路指示灯
11	分立式开关电源	MCS6000	电源系统，为设备供电
12	电池	GFM-1500E/48V	为设备用电提供储蓄保障

续表

序号	设备/材料名称	型号/规格（举例）	功能
13	铠装尾纤		设备之间光连接
14	同轴电缆	SYV 75-2-2×8	提供 2M
15	电源线		电源系统与设备之间提供电源供电辅助

有关说明：

（1）软交换 GM

简单地看，软交换是实现传统程控交换机的"呼叫控制"功能的实体，但传统的"呼叫控制"功能是和业务结合在一起的，不同的业务所需要的呼叫控制功能不同，而软交换是与业务无关的，这要求软交换提供的呼叫控制功能是各种业务的基本呼叫控制。软交换为下一代网络 NGN 提供具有实时性要求的业务的呼叫控制和连接控制功能，是下一代网络呼叫与控制的核心。

（2）基站控制器（BSC）

基站控制器是基站收发台和移动交换中心之间的连接点，也为基站收发台和操作维修中心之间交换信息提供接口。一个基站控制器通常控制几个基站收发台，其主要功能是进行无线信道管理、实施呼叫和通信链路的建立和拆除，并为本控制区内移动台的过区切换进行控制等。

（3）网关移动业务交换中心 GMSC（GW）

GMSC（Gateway Mobile Switching Center，网关移动业务交换中心）具有从 HLR 查询得到被叫 MS 当前的位置信息，并根据此信息选择路由的功能。当固定电话用户拨打 GSM 网用户时，根据就近入网的原则，该呼叫将被接续至最近的移动网。由于移动电话用户漫游的特殊性，网络必须先查询用户归属的 HLR，以获得该用户当前的位置信息，才能继续进行接续。向 HLR 查询用户当前的位置并获得包含路由信息的漫游号码的功能称为"Interrogation HLR"，由 Gateway MSC（简称 GMSC）完成。

（4）归属位置寄存器 HLR

HLR（Home Location Register，归属位置寄存器）负责移动用户管理的数据库。存储所管辖用户的签约数据及移动用户的位置信息，可为至某 MS 的呼叫提供路由信息。

（5）交流配电屏

交流低压配电屏适用于发电厂、变电站、厂矿企业中作为交流 50Hz、额定电压 380V 及以下的低压配电系统中动力、配电、照明之用。在移动基站移动通信的基本网络单元中，为了保障基站通信设备的正常工作，基站的电源设备也日益显得重要。交流配电屏是采用先进技术和进口器件开发的新产品，配置灵活、可靠，是基站最理想的配电设备之一。

7.2.2 设备及材料实物图片展示

设备/材料名称	型号/规格	功能
基站控制器	BSC6900——无线侧基站控制器	基站收发台和移动交换中心之间的连接点，为基站收发台和操作维修中心之间交换信息提供接口

续表

设备/材料名称	型号/规格	功能
核心网归属 位置寄存器	HLR9820——核心网归属位置寄存器	为通信系统的电路域核心网和分组域核心网提供 HLRe（Home Location Register emulator）网元的功能

基站控制器　　　　　　　　　　　　核心网归属位置寄存器

设备/材料名称	型号/规格	功能
核心网 CS 域软 交换设备	MsoftX3000——核心网 CS 域软交换设备	它的主要功能包括：呼叫控制和处理功能；协议功能；业务提供功能；业务交换功能；互通功能；操作维护功能
基带处理单元 RRU	DBS3900——NodB 之基带处理单元 RRU	完成 Uu 接口的基带处理功能（编码、复用、调制和扩频等），RNC（无线网络控制器）的 Iub 接口功能，信令处理，本地和远程操作维护功能

 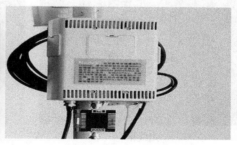

核心网CS域软交换设备　　　　　　　基带处理单元RRU

设备/材料名称	型号/规格	功能
布放的数据线缆	2XSYFVZ75-1.2/0.25X8	传输数字信号
2M 头	—	连接数据线，连接光缆

2M线　　　　　　　　　　　2M头

布放的数据线缆

设备/材料名称	型号/规格	功能
走线槽	600mm、800mm	为机房线缆布放提供条件
电池	GFM-1500E/48V	为设备用电提供储蓄保障

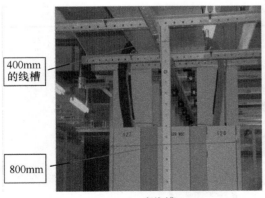

400mm
的线槽

800mm

走线槽　　　　　　　　　　电池

设备/材料名称	型号/规格	功能
ODF 架	GPX97-D2a（2200mm×600mm×300mm）288芯满配（含6个48芯的单元\适配器及卡座	作为光纤成端及跳纤点的转接

ODF架

7.3 数据及交换设备安装工程监理流程

7.3.1 监理流程要点

　　数据及交换设备安装工程监理流程总体上也分施工准备阶段、施工阶段、验收阶段及监理资料归档整理 4 个阶段。施工阶段是数据及交换设备安装工程监理的主要环节，其中硬件安装、设备加电、网络割接和软件调测是工程的关键流程。以下流程表对施工阶段流程给予详细介绍和说明。施工准备和验收及监理资料归档整理流程与前述内容大体一致，不作详细介绍。严格履行监理流程是保证工程质量的重要措施。在施工的各个环节中均应精细组织，严格管理并符合各项流程标准与规范。

7.3.2 监理流程介绍

　　根据以上要点，对数据及交换设备安装工程施工阶段监理流程进行详细介绍，见表 7-2。

表 7-2   数据及交换设备安装工程监理流程（施工阶段）

工作流程		岗位	过程指导	结果文件
施工阶段	施工设计审核	总监理工程师	① 要求施工单位按照建设期提交施工组织设计，审核施工单位资质是否与标书一致，要求其施工人员具备机房出入证、相应的资格证等 ② 审核要点：工期、进度计划、质量目标应与施工合同、设计文件相一致；施工方案、施工工艺应符合设计文件要求 ③ 施工技术力量、人数应能满足工程进度计划的要求；施工机具、仪表、车辆配备应能满足所承担施工任务的需要 ④ 质量管理、技术管理体系健全，措施切实可行且有针对性；安全、环保、消防和文明施工措施，切实可行并符合有关规定 ⑤ 在仪表使用之前，检查是否有质量技术监督局年检凭证	《施工单位资质审核表》《施工组织设计报审表》《仪器仪表报审表》
	开工报告审核	总监理工程师	① 总监理工程师要求施工单位在工程开工前提交本期工程开工报告 ② 开工报告审核的主要内容有：开竣工日期符合建设需求，具备开工条件，施工计划合理，施工力量满足工期需求，有现场安全员、技术支持、工程督导等 ③ 总监理工程师审核通过后，在开工前提交建设方审核，审核通过后，由总监理工程师签发开工令，安排施工单位进场施工	《开工报告》《工程开工、复工报审表》《开工令》
	施工前安全交底	项目经理	① 项目经理在工程启动后，施工前与施工单位项目安全责任人进行安全交底工作，并真实记录交底情况 ② 交底后双方签字确认	《数据及交换设备工程安全技术交底表》
	进场材料检查	监理员	检查内容有： ① 监理员与保安、机房维护人员沟通确定本次材料放置位置，按照《物质领用表》或《设备到货单》，对货物的外观以及数量进行清点 ② 监理、督导以及施工人员对搬运的货物进行开箱验货，并将点完的货物由物流搬运至指定的位置 ③ 监理、督导和物流公司负责人通过《开箱验货报告》，对材料进行数量核对，对外表损坏情况进行检查 ④ 监理员和物流公司负责人在《物质领用表》或《设备到货单》双方签字确认，监理员保留一份存档	《监理日志》《设备材料点验报告》
	硬件安装	监理员	① 监理员在约定的时间到达机房，带好机房出入证、设计文件（施工图纸盖章版） ② 在硬件安装前，监理员对厂家督导、施工单位人员进行安全交底，开工会议，要求施工单位认真阅读《机房施工安全保证书》《开工交底记录》《安全交底记录》《洽谈记录》，并现场签字确认 ③ 监理员与厂家督导、施工单位负责人根据《施工组织方案》沟通本工程的施工进度计划，确认方案的可行性 ④ 监理员督促施工单位按照《硬件安装规范》施工，组织厂家督导、施工单位质检员对工程质量施行实时监控，监理员通过《交换工程硬件安装工艺检查表》，对施工项目实时检查，不符合规范处要求施工人员现场整改 ⑤ 施工过程中，监理员应实时监督施工人员安全施工，同时填写《硬件阶段安全节点检查表》 ⑥ 每日开工前，做安全交底工作，使用 DV 进行拍摄记录 ⑦ 在工程施工过程中，监理员应主动与厂家督导、施工单位负责人沟通工程实施情况	《机房施工安全保证书》《开工交底记录》《安全交底记录》《洽谈记录》《监理日志》《硬件安装工艺检查表》《硬件阶段安全节点检查表》

续表

工作流程		岗位	过程指导	结果文件
施工阶段	硬件安装	监理员	⑧ 当天施工结束，监理员应督促施工人员将工程余料、施工工具摆放整齐 ⑨ 监理员组织督导、施工人员以及保安对机房施工区域卫生进行全面检查，确保清洁 ⑩ 硬件安装完工后，监理员组织厂家督导、施工单位负责人对本次安装的设备进行全面的检查 ⑪ 硬件检查正常后，项目经理与局方沟通加电时间，监理督促施工单位提交《加电申请表》，通过后方可实施加电	
	设备上电	项目经理、监理员	① 项目经理根据移动工程加电时间，提前安排现场监理员，提交《重点工程重点工序派工单》给项目经理及项目部经理审批（项目部经理收集），监理员准备《设备加电安全节点检查表》《核心网络网元加电安全检查表》带到机房 ② 现场监理通知督导、施工单位，约定时间到达机房，现场加电必须有动力代维到场，否则需要确认 ③ 监理员会收到网维的确认短信，如果没有收到，需要与项目经理沟通确认，需要根据确认短信时间准时回复信息；同时监理员需要用收到短信的手机在工程开始、结束后电话通知监控 ④ 工程结束后，发送短信给项目经理、项目部经理以及项目管理员和监理员收集《设备加电安全节点检查表》	《设备加电安全节点检查表》《重点工程重点工序派工单》
	工程割接（扩容网元）	项目经理、监理员	① 项目经理根据移动工程割接时间提前安排现场监理员，提交《重点工程重点工序派工单》给项目经理及项目部经理审批（项目部经理收集），监理员准备《工程割接安全节点检查表》《核心网络网元扩容割接检查表》带到机房 ② 现场监理通知督导、施工单位，当天 17:30 之前发邮件给监控做备份，同时做好电话确认 ③ 监理员会收到网维的确认短信，如果没有收到，需要与项目经理沟通确认，需要根据确认短信时间准时回复信息；同时监理员需要用收到短信的手机在工程开始、结束后电话通知监控 ④ 工程结束后，发送短信给项目经理、项目部经理以及项目管理员 ⑤ 监理员收集《工程割接安全节点检查表》	《工程割接安全节点检查表》《重点工程重点工序派工单》
	软调实施（新建网元）	监理员	① 监理员在约定的时间到达机房，带好设计文件及《软调阶段安全节点检查表》 ② 监理员与厂家督导、调测人员三方协调施工计划，对软调进行技术与安全交底，同时召开晨会，晨会必须有施工单位的签字确认 ③ 监理员要求调测人员将调测用相关物品摆放整齐，需要施工单位自行准备移动式插排 ④ 现场监理根据资源到位时间的要求，联系相关资源到位情况，保证调测的顺利进行 ⑤ 监理员对于传输方面需要及时跟踪调单，调单下发后，及时联系施工人员，对通物理电路，保证传输电路正常开通 ⑥ 监理员监督施工人员在调测过程中严格按照操作规范进行，完成《调测记录》要求的所有项目 ⑦ 监理员禁止施工人员在未经过局方同意的情况下，对正运行的交换系统进行任何危险性操作，遇到异常情况，必须立即向局方汇报，在施工过程中如实填写《软调阶段安全节点检查表》 ⑧ 监理员严格按照设计文件以及局方要求的标准进行局数据检查，跟踪计费校验的结果是否正确，并协助解决相关技术问题	《软调阶段安全节点检查表》《监理日志》

7.4　数据及交换设备安装工程质量控制点及检查要求

7.4.1　质量控制点及检查要求

数据及交换设备安装工程施工阶段主要的质量控制环节包括机房条件检查、室内走线梯安装、蓄电池安装、充放电测试、开关电源机架的安装、ODF架安装、机架及主设备安装，以及调测和标签检查环节。每个方面都有具体的质量控制点和质量检查要求，见表7-3。

表7-3　　　　　　　　　　数据及交换设备安装工程质量控制点及检查要求

项目	控制内容	质量要求
机房条件	机房环境	机房是否满足设备的承重；机房是否存在渗水或漏水现象
室内走线梯安装	安装位置	符合设计要求
	加固	①走线梯经过梁、柱时，就近与梁、柱加固；②在走线梯上相邻固定点之间的距离不能大于2m；③机架顶与走线梯的距离必须大于200mm；④要求走线梯与机房顶的净空距离大于300mm；⑤用力摇晃走线架时无摇晃
	接地	①走线梯要求用一根不小于$16mm^2$的接地线与总地线排连接，各段走线架接头处用$16mm^2$电缆保持电气连通；②走线架接线部位必须将防锈漆打磨掉再上螺丝确保接地良好
	吊挂、漆色	吊挂安装应垂直、整齐、牢固，吊挂构件与走线架漆色一致。
蓄电池安装	容量、组数	①电池（AH）容量、规格、厂家、组数应符合设计要求；②不允许不同容量、不同型号、不同厂家、不同时期的电池混合使用；③也不允许不同时期同厂家的新旧电池混合使用
	抗震架	应符合设计要求；同地脚螺栓固定牢固，用力摇晃时无摇晃；防护漆完整
	单体电池连接	各节电池之间及电池与电池线的接点不允许涂有黄油；每个电池单体都应安装有盖板
	电池电源线布放	①24V电池线的横截面积是：$150mm^2$；②对于-48V交换设备，其电池连接线采用$95mm^2$或$95mm^2$以上的电缆；③标志明显，红为"+"、蓝为"-"，接点连结牢固，-48V电池应正极接地，电池箱上有"闪电"标志，并标明A组和B组。④做好线耳压接
	电池组上禁止放任何物体	电池组上禁止放任何物体
充放电测试	充放电测试	①电池安装后验收前进行测试；②测试前电池应均充24h；③测试时，需记录每个电池的电导或内阻值，放电测试时间为10小时；④根据测试报告核实对应的电池是否合格
开关电源机架的安装	设备型号及配置	设备的型号规格、数量、配置符合设计要求
	机架安装	①机架安装布置符合设计图纸，机架固定牢固符合防震要求；②设备四角用地角罗栓对地加固，还要注意走线架、与旁边的机架或墙柱做好固定；③安装应垂直无倾斜，保证机架门正常开启
	电源模块安装	①开关、熔断器、防雷器完整、接触紧密；②开关、熔断器无烧黑现象；③整流器安装正确，无反装；④防雷器标识窗口正常应为绿色，故障为红色
	电源线、信号线连接	架间连接导线的规格、型号符合设计要求，布放美观合理，标识正确，电缆接头连接牢固紧密；告警连接线连接正确，标签标注好
	接地	要求用一根不小于$35mm^2$的接地线与总地线排连接，机架门应用一根不小于$6mm^2$的接地线与机柜连接

项目	控制内容	质量要求
ODF 架安装	型号与位置	规格、型号、数量配置和安装位置符合设计要求
	接地	ODF 架应用不小于 25mm² 的接地电缆接地
机架安装	机架安装	安装机架应与设计位置一致，安装必须水平、垂直、牢固，底座螺丝必须拧紧
		同列机架、电源柜、配线柜应做到与各列头平齐，机架必须上加固
		机架上各种零件不得脱落或碰坏，漆面如有脱落，应补上相同颜色的油漆
		机架地脚安装必须拧紧，无松动，同类型相邻机架应采用架间固定
主设备安装	安装规范	架内设备的安装位置应符合工程施工图纸中设备安装面板图的要求
		架内设备的连接线缆不得影响机架门开关，不能挡住设备插槽的进出
		架内设备应与机架的加固立柱固定，质量较大的应同时安装托板
		设备机框内暂未使用的空槽位应采用厂家提供的假面板安装
		宽度小于机架左右加固立柱标准间距的设备，应紧固在机架内的托板上
调测	本机测试	依照设计文件、设备合同清单和硬件测试手册的要求，对设备的硬件配置和硬件性能进行检查测试
	联调测试	局数据、信令网、网管、计费等联调工作
标签	线缆标签	馈线、信号线、传输线、电源线、地线的标签需有起始点和终止点；标签材料、尺寸应符合标签规范
	设备标签	设备标签高度或水平度为美观起见，应尽量一致，为方便维护，应尽量醒目，方便查找
	资产标签	设备出库时形成资产，资产标签应与出库时形成的资产一致

7.4.2　质量检查图解

根据以上质量控制点，明确实际设备安装工程现场工艺检查要求和监理的标准，通过现场图片和案例，重点学习施工阶段几个环节的工艺质量检查规范，包括走线槽安装、电源设备、硬件安装、线缆布放、标签标识等。并了解和掌握数据及交换设备安装工程相关的国家标准与行业规范，见附录 G。见以下工艺检查记录案例。

1. 走线槽安装

检查标准	检查记录	检查结论
走线槽的安装位置应符合工程施工图纸规定，左右偏差 < 50mm	朝向一致，符合要求	□✓合格　□不合格
水平走线槽应与列架保持平行或直角相交，水平度每米偏差 < 2mm。垂直走线槽应与地面保持垂直，垂直度差 < 3mm	支撑架与走线槽成一直角	□✓合格　□不合格

2. 电源设备安装及设备接地要求

检查标准	检查记录	检查结论
电源列头柜排列顺序、位置、朝向应与工程施工图纸相符,电力电缆的规格、数量应符合工程施工图纸要求	两列设备的间隔机朝向符合要求	☑合格　□不合格
蓄电池安装位置符合工程施工图纸要求,电池单体间电缆连接要牢固,电池连接极性正确	电池链接需牢固	☑合格　□不合格

3. ODF 架和 DDF 架安装要求

检查标准	检查记录	检查结论
配线架的安装位置必须与施工图纸的相符,机架间和走线架间应加固;配线架的安装应水平垂直	DDF 架安装在同一列,符合要求	☑合格　□不合格
为区分光跳线,单模光跳线的外护套采用黄色,多模光纤采用橙色	光纤布放不规范,光纤符合要求	☑合格　□不合格

4. 机架安装要求

检查标准	检查记录	检查结论
机架的平面位置、机架正面朝向应符合工程施工图纸要求	朝向符合要求	☑合格　□不合格
每个机架必须单独接保护地线，不能串接，其线径应≥16mm²	每个机架将保护地线引致列头柜	☑合格　□不合格

机架地脚安装必须拧紧

每个机架均接有保护地

5. 线缆布放要求

检查标准	检查记录	检查结论
线缆的布放路由应符合施工图纸的规定，电缆布放应顺直，外皮无损伤	符合要求	☑合格　□不合格
电缆绑扎材料应统一，扎带尾部必须剪平，线扣间距均匀一致，松紧适度	符合要求	☑合格　□不合格

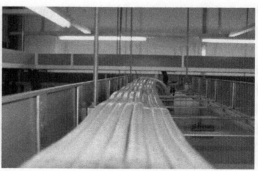

6. 标签制作和粘贴要求

检查标准	检查记录	检查结论
标签内容应清晰可见，标签内容禁止手工录入，标签的全部内容均应朝向机柜外侧，标签之间应有明显层次，不能相互遮挡	符合要求	☑合格　□不合格

续表

检查标准	检查记录	检查结论
贴资产标签应先选贴在各块板的正面空位上，若正面没有地方，就选贴在上面板	符合要求	☐✔合格　☐不合格

7.5　数据及交换设备安装工程安全管理及防范措施

7.5.1　数据及交换设备安装工程安全管理的意义

数据与交换工程建设在通信枢纽机楼重地，具有现场施工管理严格，机房网络复杂，新技术新设备多，对施工技术要求高和设备系统所承载的业务等级高的特点，在工程建设安全管理方面，应针对工程特点制定相应的安全管理措施，首先应重点检查施工技术人员中的特种作业是否做到持证上岗（如安全员、电工证和相关网络设备等级的资格认证）；对工程建设方案进行风险源分析，列入安全控制关键节点进行管理，特别是涉及高风险的现网割接操作，应事前有割接方案（含应急预案）报建设单位进行审批后方可施工；对于数据与交换工程的设备加电和现网割接操作对网络系统的影响重大，任何操作的异常都有可能影响现网设备系统的正常运行，对网络运行和用户的业务体验和服务感知产生不良影响；对于严重违规操作，则有可能烧毁设备，造成人员伤亡和网络故障。所以，对于数据与交换工程的安全管理工作是首位工作，应作为贯穿工程建设全过程的日常管理的重要工作，以确保工程建设的顺利、安全开展。

7.5.2　安全控制点及防范措施

根据数据与交换设备安装工程安全管理的要求，以该工程项目安全员资格审查、设备加电、割接等节点为例，详细介绍有关安全控制措施，见表7-4，从而树立安全管理的意识，明确监理员安全管理的任务。

安全节点	责任人	主要控制措施
安全员及施工资格审查	监理员	① 施工现场必须有安全员和现场负责人在场 ② 进行设备加电施工人员需持有电工证,高空作业施工人员必须持有登高证
设备加电	监理员	加电前: ① 加电前是否通过硬件安装工艺检查 ② 加电方案是否通过审核,并完成无纸化流程 ③ 复查电缆连接正确、设备接地,并对接电端子和开关的位置进行确认,记录加电前的负荷 ④ 检查加电的下一级用电设备电源开关处于分离状态 ⑤ 检查电源线完整性,短路测试,确认功能作用正常 ⑥ 加电工具仪表正常可用 ⑦ 加电所用工器具已合理绝缘 ⑧ 设备内部已做好防掉落隔离 ⑨ 施工人员要有相应资质,人员配备充足合理 ⑩ 施工人员要有强烈的安全意识 ⑪ 施工队长已对施工人员进行安全交底 ⑫ 施工人员已去除身上的金属物品 加电中: ① 加电前是否通知监控,确认系统告警情况 ② 施工人员穿电缆时是否两人以上操作:一人在线槽上方负责穿电缆;一人在下方接应 ③ 监督施工人员按照加电步骤进行操作;按"逐级加电、逐级检查"的原则进行 ④ 加电时出现跳闸等异常情况,应立即停止加电,检查原因至解决问题后,才可继续加电 ⑤ 分别关闭主备电源开关,检测设备供电是否正常 加电后: ① 厂家(调测)人员确认设备供电正常 ② 记录加电后的负荷,并对电源端子做好标签 ③ 对设备保护措施进行小心拆除 ④ 对设备顶部挡板及走线架挡板进行恢复 ⑤ 通知监控室,确认相应的告警是否消失,其他在网设备是否运行正常 ⑥ 在确认正常后,组织施工人员离开施工现场

表 7-4   **主要安全控制点及防范措施**

安全节点	责任人	主要控制措施
割接	监理员	割接前： ① 设备已通过初验，无遗留问题 ② 割接方案已通过建设单位审核 ③ 割接方案包含实施方案和应急方案 ④ 割接申请已获得建设单位批准 ⑤ 割接已发公告 ⑥ 已获取了相关配合人员的联系方式，并确认到位 ⑦ 已准备好拨测卡及手机 ⑧ 如涉及硬件操作，硬件施工人员已熟知情况 ⑨ 已准备好硬件设施（板卡、线缆等） ⑩ 准备好需用到的工具、仪表（螺丝刀、万用表等） ⑪ 确认做好设备的系统备份 ⑫ 已准备好数据脚本 ⑬ 召开准备会，施工队长进行安全交底
		割接中： ① 通知监控室并回复短信 ② 启用系统操作记录功能 ③ 拔插板卡必须佩戴防静电手镯 ④ 割接负责单位严格按照割接方案实施 ⑤ 如涉及跳线、对接，确认传输、链路等无异常 ⑥ 如涉及拨测，拨测结果符合预期 ⑦ 如涉及计费，确认计费中心提取话单正常
		割接后： ① 通知监控室并回复短信 ② 完成后，施工单位提交日志文件 ③ 回收好拨测卡及手机 ④ 重新做好备份，并确认可用 ⑤ 安排值守人员

7.6 数据及交换设备安装工程案例

案例 1 数据设备安装工程进度控制案例

【背景材料】

某紧急数据通信设备安装工程，施工进场手续已全部办理完毕。施工人员没有检查，直接携带施工的工器具进入现场进行施工，设备机架安装定位，设备固定膨胀螺栓位置标记好，施工人员使用电动冲击钻对楼面进行钻孔，安装膨胀螺栓，此时发现，用于防烟尘的吸尘器不能有效吸尘防护，造成机房内烟雾袅绕，现场监理工程师立即制止，指令暂停施工。由于施工工地距离施工单位住址较远，紧急调用吸尘器到施工现场，也不可行，施工因此停工一天。

【问题】

1. 为什么施工队使用器具时会出现上述现象？

2. 如何避免出现上述问题？

【结论】

1. 由于施工单位没有定期对施工的工器具进行性能检查，监理单位没有提醒施工单位对携带至现场的工器具进行开工前的性能确认，导致防烟尘的吸尘器不能有效吸尘防护，造成工程延误，施工单位和监理单位双方都有责任。

2. 监理人员在新工程开工前，要提醒施工单位对工程项目准备使用的工器具、仪表进行性能确认、检查。现场开工时，监理人员应对施工单位的工器具性能情况进行再次确认，例如案例中提到吸尘器的吸尘防护功能，还有部分工具的绝缘处理、仪的校验核准单等。

案例2 交换设备质量控制案例

【背景材料】

某交换设备安装工程，电缆由施工单位采购。施工单位布放电缆时，发现电缆某处有一小鼓包，现场监理工程师立即要求暂时停止施工，并要求查明原因。施工单位随即将情况通知制造商，制造商承认在电缆制造时，其中有一根长度不够，因此增加了一个接头，并表示保证接头良好，可以出具书面使用证明。施工单位也认为该电缆可以使用，将来由此产生的后果由制造商负责。

【问题】

1. 有接头的电缆是否符合通信工程对电缆的使用要求？

2. 施工单位认为电缆制造商已经表示可确保接头良好，并提供使用证明，该电缆可以使用，将来由此产生的后果由制造商负责，施工单位这种行为是否妥当？

【结论】

1. 根据通信行业相关强制性条款，通信工程电缆应为整段不中断的电缆。中间出现接头，不符合使用要求。监理工程师应要求更换这条有接头的电缆。

2. 电缆制造商和施工单位对上述的问题的处理方式是对工程质量不负责任的表现和违反通信工程施工规程的行为。监理工程师在现场应要求暂时停止施工，要求施工单位做好进场材料的采购质量把关，避免不合格材料进行使用。另对上述问题的电缆制造商和施工单位发出整改通知书，书面要求立即更换电缆，并要求电缆制作商应保证产品质量，避免再次出现此类问题。否则，将按照采购合同从严处罚。同时应通报给监理机构和工程建设主管，以引起施工单位和电缆制造商的重视。

案例3 加电工序安全管理案例

【背景材料】

某通信电源设备安装工程，安装的设备有交流配电柜、UPS、蓄电池等。设备硬件安装工作成，施工单位向监理工程师提出了设备加电申请，监理工程师组织施工单位对硬件安装工艺进行检查和对加电步聚进行复核，同意施工单位的加电申请，并提请建设单位工程部门和维护部门进行审批。在批复当晚进行的加电操作中，施工单位未安排专职操作配合人员对加电操作过程进行配合操作，使用的工具防护措施不足，工具不合格，现场监理工程师在施工前未对施工工具和加电操作人员安排进行严格的审查，当晚施工单位使用的扳手仅使用胶布缠绕了两层，由于施工单位加电主操作人用力过大，以致紧固螺母时扳手与负极铜排进行了碰撞，引起扳手胶布破裂，造成了在对配电柜内电缆铜耳螺母紧固时发生短路的故障。

【问题】

1. 对于上述工程现状，监理员将如何处理？

2. 加电操作出现短路故障的原因是什么？

【结论】

1. 加电操作中，施工单位未指定专人进行配合，违反了对于重点工序"一人操作，一人确认"的人员配置要求，为加电安全操作埋下隐患。监理工程师应组织加电操作的各方代表进行分工，组织施工单位和各相关设备的制造商对当晚的加电步骤和施工流程进行施工操作内容说明及安全技术交底，督促施工单位安排专职人员对当晚的加电过程进行配合操作。

2. 加电操作人使用的工具防护措施不足，工具不合格是引起短路故障的主要原因。现场监理工程师在施工前要对施工工具和加电操作人员安排进行严格的审查，施工单位确保使用加电专用工具和做好工具绝缘保护措施，则可以避免加电短路故障。

本章小结

交换网及数据业务网是通信网络的重要组成部分，交换设备是整个现代通信网的核心，在全网中处于通信网络的控制层，它的基本功能是实现将连接到交换设备的所有信号进行汇集、转发和分配，从而完成信息的交换。

数据及交换设备安装工程监理总体上分为施工准备阶段、施工阶段、验收阶段及监理资料归档整理 4 个阶段。本章详细介绍了监理员需要熟悉的数据及交换设备安装工程监理流程，指出了数据及交换设备安装工程监理流程要点，根据监理流程列出了数据及交换设备安装工程质量控制点，提出了监理员应该掌握的包括线槽安装、电源设备、ODF 架和 DDF 架、机架安装、线缆布放、标签等 6 个方面的工艺检查规范，以及数据及交换设备安装工程安全控制点及防范措施。最后对数据及交换设备安装工程的典型案例进行分析。

思考题

1. 简述数据及交换设备安装工程的特点。

2. 列举数据及交换设备安装工程常见的设备和材料。

3. 数据及交换设备安装工程监理工作流程包括哪些内容？

4. 数据及交换设备安装工程质量控制点有哪些？技术质量要求是什么？

5. 数据及交换设备安装工程的设备加电环节安全控制措施有哪些？

第 8 章

无线基站工程监理项目

本章提要

本章主要介绍无线基站工程项目的监理。通过本章的学习，读者应了解和熟悉无线基站工程的意义、特点及构成，认识基站工程主要设备及材料；掌握无线基站设备及天馈线安装工程监理流程；重点掌握无线基站设备安装工程监理质量控制及安全管理要点；通过案例理解无线基站工程监理实施过程中对"三控"、"三管"、"一协调"的运用过程。

8.1 无线基站工程概述

8.1.1 工程意义

无线基站即公用移动通信基站，是无线电台站的一种形式，是指在一定的无线电覆盖区中，通过移动通信交换中心，与移动电话终端之间进行信息传递的无线电收发信电台。移动通信是移动用户与固定用户之间，或移动用户与移动用户之间的通信。在现代通信网中，它已成为发展最快的通信方式之一；移动通信基站建设是我国移动通信运营商投资的重要部分，移动通信基站的建设一般都是围绕覆盖面、通话质量、投资效益、建设难易、维护方便等要素进行的。随着移动通信网络业务向数据化、分组化方向发展，移动通信基站的发展趋势也必然是宽带化、大覆盖面建设及 IP 化。

8.1.2 工程特点

目前在无线基站的建设中，运营商的移动通信网络已经很成熟了，现在的建设主要是针对一些信号的盲点、弱区进行的，以及对话务无法满足当地人流量的站点进行扩容，还有就是解决一些在节假日期间，因为聚集的人流特别大而做的紧急工程建设，以达到良好的覆盖效果。在现在的建设中会遇到一些工程建设的阻挠，主要体现在以下几个方面。

（1）随着建设的深入、资讯的发达，人们对健康的追求也在不断提高，而一些民间的错误信息误传移动基站会对人体造成特别大的伤害，现在很多业主都不会同意建设基站，对于建设基站存在很大思想误区，所以在建设的过程中会遇到一些业主的阻挠。

（2）由于现在的建设也主要是针对一些信号的盲点、弱区进行建设，而这些地方没有信号，很多原因是因为当地地形非常复杂，或者是因为当地的建设构造非常不合理，从而让建设增加了更大的困难。而在对一些话务无法满足当地人流量的站点进行扩容时，需要扩容的站点却因为机房的空间问题、机房的电源负荷、机房的承重等问题导致了施工的困难。

（3）建设点多，分布区域较广，施工周期较短。与其他专业的配合衔接也比较频繁，需要与各专业的协调也比较多。

8.1.3 工程构成

无线基站工程由前期配套、传输接入、无线设备安装等系列工程组成。各部份内容如下：

（1）前期配套工程。

➢ 接入用房建设：包括新建机房、简易机房、租赁机房

➢ 通信杆塔架设：包括铁塔、通信杆、支撑杆架设

➢ 基站配套：包括外电引入、基站配电、空调、地线、走线架安装等。

（2）传输接入工程。

➢ 通信管道工程

➢ 通信线路敷设工程

➢ 传输接入设备的安装调试

（3）无线设备安装工程。

➢ 无线主设备安装

➢ 天馈线安装

8.2 无线基站工程常用设备及材料

8.2.1 常用设备及材料介绍

无线基站工程常用设备及材料总体包括前期配套材料、传输接入设备、无线基站设备等。其中无线基站设备包括信号接收和发送单元、信号合成和分配单元、中央控制单元、交/直流电源、信号线、天馈线以及传感告警装置等。主要设备及材料见表8-1。

表 8-1　　　　　　　　　　　　无线基站工程常用设备及材料一览表

序号	设备/材料名称	型号/规格（举例）	功能
1	合成和分配单元（CDU）	BFL 119 147/1	信号合成与分配
2	收发信单元（TRU）	RBS200/RBS2000	信号接收和发送
3	电源支持器（PSU）	SXK 10793 14/1	提供电源
4	配线单元（CXU）	KRY 101 1856/1	配线
5	中央控制单元（DXU）	BOE 602 14/1	信息分配交换
6	天线	ODP-065R15DB（V）	收发信号
7	交流电源线	$3 \times 35mm^2 + 10mm^2$/RVVZ $1 \times 50mm$	交流电源供电
8	直流电源线	$2 \times 10mm$（基站）/RVVZ $1 \times 150mm$（直流）	直流电源供电
9	PCM 线	$2 \times$SYFVZ75-1.2/0.25$\times$8（中继电缆）	传输连接
10	信号线	Y-LINK	传输信号
11	外部告警箱	——	外告集成器
12	地排	——	接地保护
13	告警系统	——	报警提示
14	高频开关电源柜	PRS2000H(48V/50A)	供电电源
15	整流模块、控制模块	CU 2000H	交直流转换
16	门禁系统	——	防盗保安
17	1/2 软跳馈线	HCTAYZ-50-12	连接
18	7/8 馈线	HCTAYZ-50-22	连接
19	馈线及其波导卡	——	收发信号

有关说明：

① 合成和分配单元（CDU）

CDU 是 TRU 和天线系统的接口，它允许几个 TRU 连接到同一天线。它合成几部发信机发来的发射信号和分配接收信号到所有的收信机，在发射前和接收后，所有的信号都必须经过滤波器的滤波，它还包括一对测量单元，为了电压驻波比（VSWR）的计算，它必须保证能对前向和反向的功率进行测量。

② 收发信单元（TRU）

TRU 是硬件结构里对载波的统称，指的是一块载波板，TRX 专门指收信器和发信器的合称，是 TRU 收发信单元的一部分，一般情况下，一个 TRX 载频板带一个载波，但也有双密度载频板，其一块 TRX 就能带两个载波。

③ 电源支持器（PSU）

PSU 是电源适配的支持模块，用以产生通信设备所需的电压、电流、频率。

④ 中央控制单元（DXU）

DXU 具有面向 BSC 的接口——物理接口 G.703，处理物理层与链路层；有定时单元，与外部时钟同步并提供内部参考同步信号；有 OMT 接口，提供用于外接终端的 RS232 串口；传输时隙分配交换（SWITCH）；保存一份机架设备的数据库。

⑤ 天馈线

天馈线系统是微波中继通信的重要组成部分之一。天线起着将馈线中传输的电磁波转换为自由空间传播的电磁波，或将自由空间传播的电磁波转换为馈线中传输的电磁波的作用。而馈线则是电磁波的传输通道。在多波道共用天馈线系统的微波中继通信电路中，天馈线系统的技术性能、质量指标直接影响到共用天馈线系统的各微波波道的通信质量。

⑥ 告警系统

告警系统是在通信系统中为了保证通信连续可靠的工作而设置的告警模块，当系统中通信设备因为自身原因或者外界因素出现故障时，告警系统自动上报告警，维护人员获知告警后及时处理故障。机房的告警系统包括温度、湿度、烟雾、过压过流等方面的告警。

⑦ 门禁系统

门禁系统又称出入管理控制系统，是一种管理人员进出的数字化管理系统。它集微机自动识别技术和现代安全管理措施于一体，涉及电子、机械、光学、计算机技术、通信技术、生物技术等诸多新技术。它是解决重要部门出入口实现安全防范管理的有效措施。常见的门禁系统有密码门禁系统、非接触 IC 卡（感应式 IC 卡）门禁系统、指纹虹膜掌型生物识别门禁系统等。基站机房都设有门禁系统，以保护机房的出入安全。

8.2.2　设备及材料实物图片展示

设备/材料名称	型号/规格	功能
室内基站设备	爱立信 RBS2206	室内宏蜂窝基站

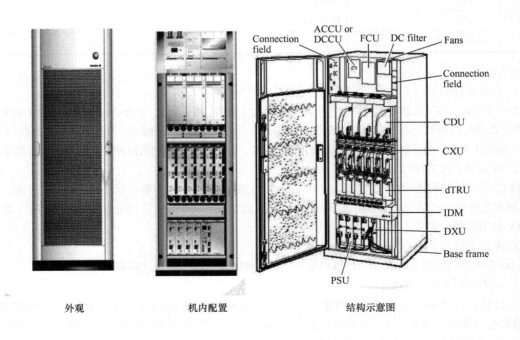

外观　　　　　　　　机内配置　　　　　　　　结构示意图

TRU：收发信单元　CDU：合成和分配单元　DXU：中央控制单元
PSU：电源支持器　CXU：配线单元

设备/材料名称	型号/规格	功能
收发信单元 TRU	KRC1311002/1	收发信号
信号分配单元 CDU	BFL 119147/1	信号分配

收发信单元 TRU

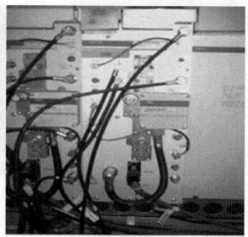

信号分配单元 CDU

设备/材料名称	型号/规格	功能
电源单元 PSU	SXK1079314/1	提供稳定电源
中央控制单元 DXU	BOE60214/1	信号分配交换

电源单元 PSU

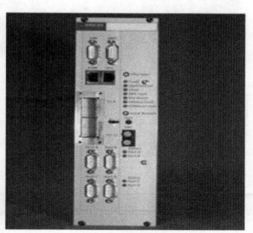

中央控制单元 DXU

设备/材料名称	型号/规格	功能
配线单元 CXU	KRY 1011856/1	配线

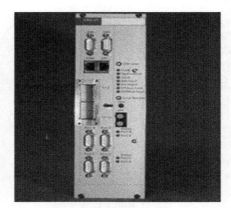

配线单元 CXU　　　　　　　　　　　中央控制单元 DXU

设备/材料名称	型号/规格	功能
1/2 软跳馈线	HCTAYZ-50-12	连接
7/8 馈线	HCTAYZ-50-22	连接

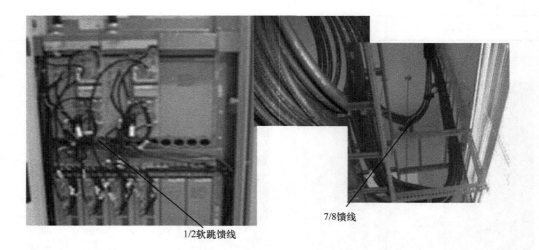

7/8馈线

1/2软跳馈线

设备/材料名称	型号/规格	功能
外部告警箱	/	外告集成器
告警系统	/	报警

设备/材料名称	型号/规格	功能
湿度	/	报警
温度	/	报警
水浸	/	报警
烟雾	/	报警

门禁

温度传感器

湿度传感器

湿度传感器

水浸传感器

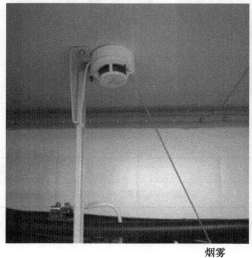

烟雾

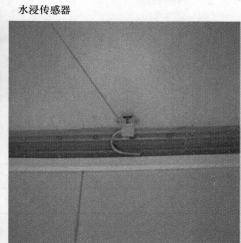

外部告警箱　　　　　　　　　　　　　告警系统

设备/材料名称	型号/规格	功能
馈线窗	6孔、9孔等	使外线引入
应急灯	DYZ2	市电停照明

馈线窗　　　　　　　　　　　　　　　　　　　　应急灯

设备/材料名称	型号/规格	功能
一体化机房	EX-100-30AP 30m^2	彩钢隔热板隔热轻便，运输、组装方便

机房外观

此处安装空调

一体化机房

设备/材料名称	型号/规格	功能
铁塔	20m/25m/35m/50m 等	天线支撑
室外抱杆	3.5m	固定设备

铁塔

抱杆

室外抱杆

设备/材料名称	型号/规格	功能
馈线及其波导卡	/	馈线：收发信号 波导卡：固定馈线
地排	700×800×8 700×120×8	接地

馈线　波导卡

馈线及其波导卡　　　　　　　　　　　　　　　　　　　**地排**

灯杆特型美化天线　　　**三杆塔**

通信杆　　　　　　**支撑杆**

葡萄藤型美化天线　　　　**灯杆型美化天线**　　　　**烟筒型美化天线**

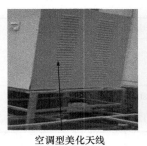

塔楼型美化天线　　　　**空调型美化天线**　　　　**水灌型美化天线**

各种美化天线

8.3　无线基站工程监理流程

8.3.1　监理流程要点

无线基站工程监理流程总体上也分施工准备阶段、施工阶段、验收阶段及监理资料归档整理 4 个阶段。本章重点介绍施工阶段监理流程，其中主设备安装、天馈线安装、电源电池安装以及设备加电是工程的关键流程。以下流程表对施工阶段流程给予详细介绍和说明。施工准备阶段的勘察和会审，验收阶段以及监理资料归档整理流程与前述内容大体一致，不做详细介绍。

8.3.2　监理流程介绍

根据以上要点，对无线基站设备安装施工阶段的流程及具体实施过程进行详细介绍，见表 8-2。

表 8-2　　　　　　　　　　无线基站设备安装工程监理流程表（施工阶段）

工作流程		岗位	过程指导	结果文件
施工阶段	施工组织设计审核	总监理工程师	① 要求施工单位提交施工组织设计，审核施工单位资质是否与标书一致，要求其施工人员具备证件，包括机房出入证、施工证和动火证等 ② 工期、进度计划、质量目标应与施工合同、设计文件相一致；施工方案、施工工艺应符合设计文件要求 ③ 施工技术力量、人数应能满足工程进度计划的要求；施工机具、仪表、车辆配备应能满足所承担施工任务的需要 ④ 质量管理、技术管理体系健全，措施切实可行且有针对性；安全、环保、消防和文明施工措施切实可行并符合有关规定	《施工单位资质审核表》 《施工组织设计报审表》 《仪器仪表报审表》
	开工报告审核	总监理工程师	① 要求施工单位在工程开工前 5 天提交本期工程开工报告审核 ② 开工报告审核主要内容有：开竣工日期符合建设需求、主要工程内容、工程准备情况及主要存在问题等 ③ 总监理工程师审核通过后，在开工前 3 天提交监理方和建设方审核通过后，由总监理工程师签发开工令，安排施工单位进场施工	《开工报告报审表》 《开工报告》
	施工前安全交底	项目经理	① 工程启动后，施工前与施工单位项目安全责任人进行安全交底工作，并真实记录交底情况 ② 交底后，双方签字确认	《无线设备工程安全技术交底表》
	设备安装	监理员	① 主设备安装：安装机架应与设计位置一致，安装必须水平、垂直、牢固，底座螺丝必须拧紧 ② 天馈系统安装：馈线布放要求整齐美观，不能交叉、扭曲，表面不能裂损，馈线弯曲度与弯曲半径符合规范，多条馈线弯曲要求一致 ③ 电源电池安装：确认施工人员穿塑料绝缘鞋；使用工具应做绝缘，用绝缘胶布紧密缠封，缠绕厚度为三圈及以上，未绝缘部分不得超过 20mm；确认万用表、试电笔等工具能正常使用；作业人员必须持有电工证等；审核施工单位提交的施工方案	《无线设备工程施工工艺检查表》 《无线设备工程高空作业工序安全节点检查表》

工作流程	岗位	过程指导	结果文件
施工阶段	设备安装 监理员	④ 设备加电：确认施工人员穿塑料绝缘鞋；使用工具应做绝缘，确认工具能正常使用，检查电源 DC 机架中的直流电源线、地线的连接必须牢固，检查无线机架正负极、接地方式是否正确，接地是否牢固；试电笔测量 AC 屏的外壳是否带电；对施工单位现场安全员进行《安全节点检查表》、《安全交底表》及《重点工程、关键工序现场派工单》等表格现场签字确认	《无线设备工程设备加电工序安全节点检查表》《无线设备工程安全技术交底表》《单项开工报告》《监理日志》

8.4 无线基站工程质量控制点及检查要求

8.4.1 质量控制点及检查要求

无线基站设备安装工程主要的质量控制环节包括机房条件检查、蓄电池安装、ODF 架安装、天线安装、馈线布放、设备加电调测、环境监控等环节。本节介绍各个环节具体的质量控制点和质量检查要求，见表 8-3。

表 8-3   无线基站设备安装工程质量控制点及检查要求

项目	控制内容	质量要求
机房条件检查	基站环境的选址	①如果周围 50m 内有高楼阻挡，应该调整扇区方向角，错开大楼的阻挡；②周边不应存在油库、强辐射场所
	机房环境	①机房应该满足设备的承重；②机房不能存在渗水或漏水现象
蓄电池安装	容量、组数	①电池（AH）容量、规格、厂家、组数应符合设计要求；②不允许不同容量、不同型号、不同厂家、不同时期的电池混合使用；③也不允许不同时期同厂家的新旧电池混合使用
	抗震架	①应符合设计要求；②同地脚螺栓固定牢固，用力摇晃无晃动现象；③防护漆完整
	单体电池连接	①各节电池之间及电池与电池线的接点不允许涂有黄油；②每个电池单体都应安装盖板
	电池电源线布放	①24V 电池线的横截面积是 150mm²；对于-48V 无线设备，其电池连接线采用 95mm² 或 95mm² 以上的电缆；②标志明显，红为 "+"、蓝为 "-"，接点连结牢固，-48V 电池应正极接地，电池箱上有 "闪电" 标志，并标明 A 组和 B 组；③做好线耳压接
	电池组放置	电池组上禁止放任何物体
DF 架安装	型号与位置	规格、型号、数量配置和安装位置符合设计要求
	PCM 线接头、标签	①PCM 线接头压接牢固，无断芯、无毛刺；②PCM 线必须放入走线槽中，并留有一定的冗余度；③PCM 线的屏蔽层要接地良好
	告警线安装	①告警线应放入走线槽中，连线要求整齐、美观，并留有一定的余度，告警线的屏蔽层必须接地；②DF 架背板有明确的各路告警安装位置明细，每个分线盒有明确的各自信号线告警，标签清晰整齐美观
	接地	DF 架接地电缆应符合规范尺寸，要求连接点接触良好

续表

项目	控制内容	质量要求
天线安装	天线安装	①天线必须牢固地安装在其支撑杆上，其高度和位置符合设计文件的规定；对于全向天线，要求天线与铁塔塔身之间距离不小于 2m；对于定向天线，要求不小于 0.5m；②对于全向型天线，要求垂直安装；对于方向型天线，其指向和俯仰角要符合设计文件的规定；③防水胶布作防水、绝缘处理；天线需严格按照"三上三下"或使用馈线防水盒进行防水处理，胶布应先由下往上逐层缠绕，然后从上往下逐层缠绕，最后从下往上逐层缠绕，逐层缠绕胶布时，上一层覆盖下一层约三分之一；④天线背面方向角、下倾角、安装日期、基站名称，扇区名称应标识清楚
	天线防雷与接地	天线防雷接地良好，天线应处于避雷针下 45° 角保护范围内，防雷接地不能有"回流"现象
馈线布放	馈线布放	①馈线布放整齐美观，不能交叉、扭曲，表面不能裂损，弯曲度 > 90°；②馈线弯曲半径 ≥ 70mm²，7/8"馈线弯曲半径 ≥ 120mm²，多条馈线弯位要求一致
	馈线固定	①波导夹紧固螺丝要拧紧，螺杆必须高出螺帽 4 个螺纹；波导夹主固定件必须方向一致；②馈线水平走线时，1/2"馈线馈线夹间距为 1m；7/8"馈线馈线夹间距为 1.5m；15/8"馈线馈线间距为 2m；③馈线垂直走线时，1/2"馈线馈线夹间距为 0.8m；7/8"馈线馈线夹间距为 1m；15/8"馈线馈线间距为 1.5m
	滴水弯	馈线在进馈线孔前约 15cm 处，应做滴水弯，滴水弯底部应低于馈线孔 10cm
	馈线接地	①室外馈线接地点应顺朝机房方向，接地线不能兜弯。室外馈线接地应先去除接地点氧化层，每根接地端子单独压接牢固，并使用防锈漆对焊接点做防腐防锈处理。馈线接地线不够长时，严禁续接，接地端子应有防腐处理 ②馈线的接地线要求顺着馈线下行的方向，不允许向上走线，不允许出现"回流"现象；与馈线夹角以不大于 15° 为宜 ③为了减少馈线的接地线的电感，要求接地线的弯曲角度大于 90°，曲率半径大于 130mm ④各小区馈线的接地点要分开，不能多个小区馈线在同一点接地，且每一接地点最多只能连接 3 条接地线（这样可使接地点有良好的固定）
设备加电	设备加电	①对工器、具的检查。确认施工人员已穿塑料绝缘鞋；使用工具无绝缘防护握区的，应在握区位置用绝缘胶布紧密缠封，缠绕厚度为 3 圈以上；确认万用表、试电笔等工具使用正常 ②对操作人员的检查，作业人员必须持有电工证等证件 ③所有电力线缆不允许驳接，电源线布放过程中接头用绝缘胶带包扎 3 圈做绝缘保护。检查电源 DC 机架中的直流电源线、地线的连接是否正确及牢固。电源架之间的连线正负极要正确。检查机房的总地线线径必须大于或等于 95mm² ④检查机架正负极是否正确。检查室内馈线是否牢固接地。用万用表测量 AC 屏的外壳是否带电。确认交流屏所用空气开关打在"OFF"状态，测量 AC 输入电压是否正常，然后打开空气开关。测量漏电保护和输出电压是否正常工作 ⑤测量 DC 电源架输入电压是否正常，合上直流屏交流输入开关，逐一打开整流器的电源开关，测试输出电压是否工作正常，使用专用工具接好电池熔丝开关 ⑥戴上防静电手镯，测量机架输入电压是否工作正常，逐一打开模块开关，确认设备正常运行。加电时出现跳闸等异常情况时，应立即停止加电，检查原因后再操作 ⑦整流设备、电池加电后，应重点检查电源及主设备各类指示灯是否正常，有无告警现象 ⑧《安全节点检查表》必须由施工单位现场安全员签字确认

项目	控制内容	质量要求
环境监控系统	温度告警	机房温度超过 31℃时，触发温度告警，并将告警送至基站外部告警端口；探头应安装于机架顶的走线梯上，控制设备安装于 DF 架旁
	烟感告警	探头感应烟雾时延超过 30 秒后，触发烟雾告警，并将告警送至基站外部告警端口；探头应安装在房顶离主设备较近处
	湿度告警	湿度范围为 15%～80%，高于 80%时，触发湿度告警，并将告警送至基站外部告警端口；探头应安装在门口或窗口附近
	水浸告警	在机房地面上放置水浸传感器，在机房发生水淹时触动传感器，并将告警送至基站外部告警端口；探头应安装在门口、窗口或房间的最低水平位置。探头水平面尽可能与地水平面距离最短
	门控告警	门开时触发门开关的告警，并将告警送至基站外部告警端口。门控装置应安装在门的内侧，注意其防水及防潮处理

8.4.2 质量检查图解

根据以上质量控制点，通过检查表格及其现场工程图片，学习天线安装、馈线布放、走线架及走线槽、机架、DF 架、蓄电池、整流架、接地等 9 个方面的质量检查规范。通过现场工艺检查案例，进一步了解和掌握无线基站工程相关的国家标准及行业规范。

1. 天线安装部分

检查标准	检查记录	检查结论
天馈线接口应用防水胶带做防水处理	自下往上缠绕加防水胶带	☐✓ 合格 ☐ 不合格
在离馈线头 30cm 之内不能绑扎	没有绑扎	☐✓ 合格 ☐ 不合格

· 作用是用于防止室外的雨水渗入
· 备注:制作防水胶布包扎顺序为首先用绝缘胶包扎一层后再包扎防水胶最后从上至下包扎一层绝缘胶，包扎范围从天线底部至超出跳线热缩管底部

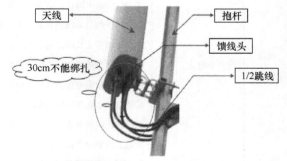

· 作用是保护馈线头不受拉力且走线美观，保留一定的维护余度，方便日后的维护

2. 馈线布放部分

检查标准	检查记录	检查结论
（1/2 馈线弯曲半径≥70mm，7/8 馈线弯曲半径≥120mm，多条馈线布放时弯位要求一致。）弯曲度＞90°	弯曲度＞90°	☑合格 □不合格
馈线在进馈线孔前 15cm 处，应做滴水弯，滴水弯底部应低于馈线孔 10cm	已做滴水弯有，且底部低于馈线孔 10cm	☑合格 □不合格

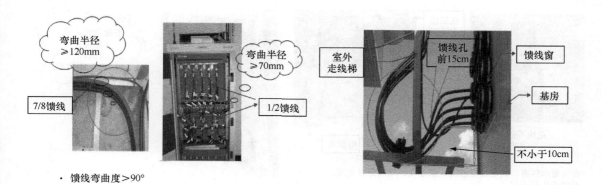

· 馈线弯曲度＞90°

3. 走线架及走线槽安装部分

检查标准	检查记录	检查结论
走线架（槽）安装与设计位置一致，安装必须水平、垂直、牢固	实际与设计一致，安装水平、垂直、牢固、美观	☑合格 □不合格
吊挂要求垂直、牢固，相邻固定点间距不超过 2m	吊挂垂直、牢固，走线梯固定牢固	☑合格 □不合格

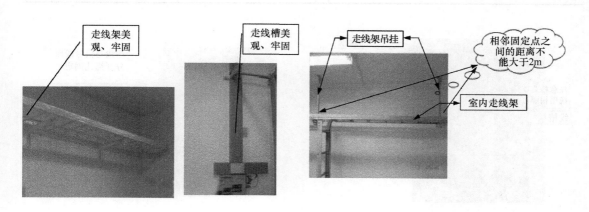

4. 机架安装及连线部分

检查标准	检查记录	检查结论
所有走线不能交叉及空中飞线，必须用扎带固定，多余的连线不得盘放在机架内或机架顶上。	走线无交叉及空中飞线，已用扎带固定	☑合格 □不合格
室内跳线要求平放，不能盘留在走线架下面，弯曲度＞90°，直径≥14cm	弯曲度＞90°	☑合格 □不合格

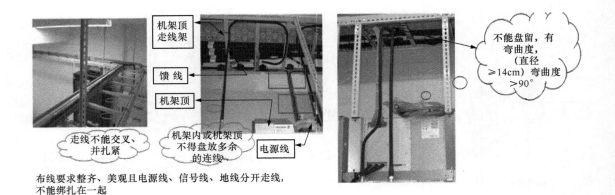

布线要求整齐、美观且电源线、信号线、地线分开走线，不能绑扎在一起

5. DF 架安装部分

检查标准	检查记录	检查结论
DF 架的固定应水平、垂直、牢固	DF 架的固定水平、垂直、牢固	☑合格 □不合格
线槽内的所有线缆应绑扎，并且地线与信号线应分开用卡码固定	线缆绑扎良好，分开用卡码固定好	☑合格 □不合格

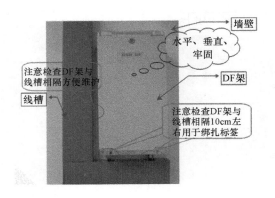
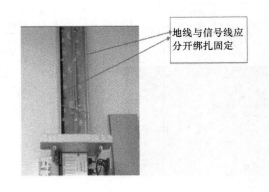

6. 蓄电池组安装部分

检查标准	检查记录	检查结论
要求安装牢固，电池单体面板齐全；所有螺丝拧紧、接触良好，并检查串联方式是否正确	面板齐全、所有螺丝拧紧接触良好，串联方式正确	☑合格　☐不合格

安装前

安装后

7. 整流架安装部分

检查标准	检查记录	检查结论
机架固定水平、垂直牢固，整流模块空位必须加盖板	机架固定水平、垂直牢固，整流模块空位有加盖板	☑合格　☐不合格

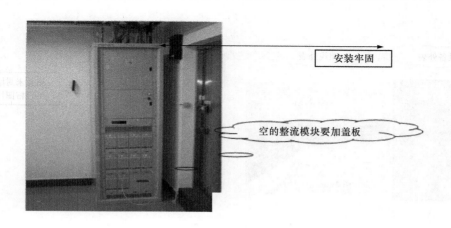
安装牢固

空的整流模块要加盖板

8. 接地安装部分

检查标准	检查记录	检查结论
新增无线设备地排到总地排的地线要 ≥ 50mm²	地线=50 mm²	☑合格　☐不合格

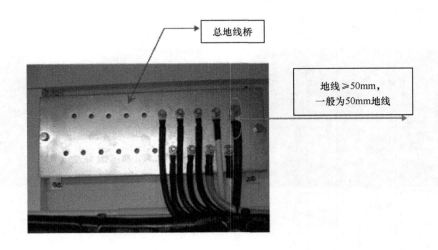

总地线桥

地线 ≥ 50mm，
一般为50mm地线

9. 其他部分

检查标准	检查记录	检查结论
设备外表及馈线应保持整洁	整洁	☑合格　☐不合格
施工造成的钻孔必须用水泥填补后用涂墙料刷白；施工弄脏的墙壁，如手印、脚印等必须用涂墙料刷白	钻孔已封堵	☑合格　☐不合格

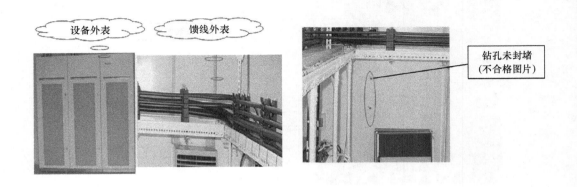

设备外表　　馈线外表

钻孔未封堵
（不合格图片）

8.5 无线基站工程安全管理及防范措施

8.5.1 无线基站工程安全管理的意义

无线基站工程建设的特点是分布区域较广，站点建设量大，施工周期较短，与其他专业的配合衔接和协调也比较多。特别是基站工程涉及主设备的外电引入、天馈线安装时的高空作业，以及机房自身的防雷防灾抗震等要求，所以在施工过程中，根据无线基站工程建设的特点，找出安全控制关键节点进行管理，是确保无线基站工程建设安全生产、减少通信事故及人员伤亡发生的重要举措。

8.5.2 安全控制点及防范措施

根据基站工程安全管理的要求，以基站工程项目安全员资格审查、电源及设备安装、设备加电、天馈线安装等节点为例，详细介绍有关安全控制措施，见表 8-4，从而树立安全管理的意识，明确监理员安全管理的任务。

表 8-4　　　　　　　　　　　　无线基站工程主要安全控制点及防范措施

安全节点	责任人	主要控制措施
安全员及施工资格审查	监理员	① 施工现场必须有安全员和现场负责人在场 ② 进行设备加电施工人员需持有电工证，高空作业施工人员必须持有登高证
电源设备安装	监理员	① 电池组规格、型号、容量与设计文件相符 ② 电池组的串联接续牢固；接头保护盖安装完好 ③ 电池组安装及 DC 配电屏上电时使用的扳手、把手、螺丝刀金属裸露部分必须用绝缘胶布缠好 ④ 电源架的规格、型号与设计相符 ⑤ 电源架电压、电流指示及过载告警正常，监控安装到位
设备加电	监理员	① 施工现场必须有安全员和现场负责人在场 ② 施工用电严禁过负荷，避免金属线裸露，防止发生短路 ③ 所有电力线缆不允许驳接，电源线布放过程中接头做绝缘保护 ④ 设备机框操作人员必须佩戴防静电手镯插拔模块 ⑤ 机架接通机房电源前，施工人员检查机架顶电源分配主、备开关都处在断开位置，然后使用万用表分别测量机架主、备电源接入点的极性和电压无误以及主设备绝缘良好后，方可依次接通主、备电源主开关和主、备电源子架开关 ⑥ 整流设备、电池接续及加电时，应重点检查电池串联极性是否正确，操作工具绝缘性是否良好
高空作业（天、馈线安装）	监理员	① 所有在场施工人员必须佩戴安全帽，登高施工人员必须系安全带，穿软底胶鞋 ② 高空作业施工人员携带的工具需装到工具袋内，避免跌落 ③ 高空条件下物品、设备的传递不可上下抛送 ④ 在高空作业区应挂警示牌，用围栏或雪糕筒、彩带的方式设置围蔽区，安全员全程现场指挥 ⑤ 雷雨天气时，严禁进行室外施工及登高作业

8.6　无线基站工程案例

案例 1　无线基站工程进度控制、质量控制及安全管理案例

【背景材料】

某无线基站工程含无线、前期配套、传输（传输设备、管道、光缆）等多个专业。1、在工程进行到一个半月时发现还有 15 个机房土建及铁塔未开工，机房土建及铁塔已完工的 7 个站管道未开工；2、其中某基站设备安装时发现施工单位未按施工图施工，该施工单位完成的另外一个基站无线设备工程的施工工艺不符合规范要求，且监理员及时向施工单位提出，但施工单位并未整改；3、监理员发现该施工单位在铁塔上安装天线的人员无安全防范措施。

【问题】

1. 对于上述工程现状，监理员将如何处理？

2. 施工工艺不符合规范要求，应如何协调？

3. 安装天线的人员安全意识差，应该如何整改？

【结论】

1. 对于上述工程现状，应召开相关专业负责人召开工程协调会，重新调整各专业的工程进度计划，增加各专业的施工力量，建地面铁塔，机房土建、铁塔、管道施工可同步进行；从而保证工程进度；

2. 施工工艺不符合规范要求，且当监理人员向施工单位及时提出后施工单位并未整改，此时应由监理方建议召开由建设方、监理方、施工方参加的工程协调会，在会上，找出存在的问题，将工程整改单交给施工单位负责人，按照设计文件的工程施工工艺标准要求限时整改，并将此次存在的问题作为对施工单位月考核的依据；

3. 对于高空作业不采取安全防范措施的行为，应在现场下令停工整改，并与施工单位进行安全技术交底，待安全措施符合安全标准要求后才能施工。

案例 2　工程变更及工程量核算案例

【背景材料】

某一大厦室内覆盖工程设计文件已通过相关单位会审，计划开工日期为 11 月 1 日，完工日期为 11 月 25 日。1. 在监理组织的开工交底时发现第 4 层的美食城并未按原定方案装修开业，业主确认该层已改为仓库，可以不做覆盖；2. 在设备、材料的检验过程中发现厂家提供的馈线及天线规格、型号与设计文件不符；3. 在工程施工进行到第 20 天时，发现完成的工程量只达一半，且部分已完工程工艺存在严重问题；4. 在结算审核时发现施工单位报的工程量与设计文件完全一样。

【问题】

作为主管该工程监理项目经理如何处理上述问题？

【结论】

1. 业主确认美食城该层已改为仓库，可以不做覆盖，此时监理单位应该召集建设方、监理方、设计方、施工方（厂家）四方项目负责人到现场确认，并按照工程设计变更流程办理设计变更手续；

2. 当发现材料不符合设计文件要求时，监理人员应向施工方（厂家）发监理工作联系函，要求施工方（厂家）及时更换，现场监理人员在场点验。

3. 当发现工程严重滞后，进度不符合要求时，由施工方（厂家）向监理方发《延长工期报审表》，提出工期延长的理由和计划完工的时间，由监理人员审核，报建设方批复。对于部分工程存在的质量问

题，现场监理人员应向施工方（厂家）发整改通知单，限时按验收标准进行整改后，监理人员现场验收。

4. 在工程设计变更后，不需做覆盖的第 4 层美食城就不会产生工程量，在结算审核时施工方（厂家）报的工程量与设计文件完全一样是错误的，结算应以实际产生的工程量为准。监理方应该按照实际情况进行核准。

案例 3　机房选址案例

【背景材料】

某通信公司租用了一个村委会办公楼的二楼作基站机房使用，基站铁塔就修建在办公室旁边的角落里，经过简单装修后，就开始装机。主要设备有两组蓄电池（-48V，300Ah）、收发信机两套，开关电源机架一个、微波设备一套，光传输设备一套，柜式空调一部。房屋情况：房屋属于农村普通用房，机房设在二楼，砖混结构，预制楼板，已使用了三年多，铁塔已建成，房屋租赁合同也已签订。

【问题】

请问以上机房选址是否符合要求？

【结论】

不符合要求。

1. 根据通信机房验收规范，基站机房一般采用专用机房，如条件不具备建专用机房，需租赁民房，必须考虑该楼房的地面的承载力问题，由题意可知，该基站所用的房屋属于农村普通用房，机房设在二楼，砖混结构，预制楼板，显然不满足建基站的承重要求。

2. 基站铁塔就修建在办公室旁边的角落里更不符合要求，因该楼房是砖混结构，没有承重柱头，铁塔反梁基础与大楼的基础不能形成一个整体，仅靠楼面反梁不能满足铁塔的抗风力及抗震要求，楼面也不能满足铁塔的承重要求。

本章小结

无线通信基站的建设是我国移动通信运营商投资的重要部分，随着移动通信网络业务向数据化、分组化方向发展，移动通信基站的发展趋势也必然是宽带化、大覆盖面建设 IP 化。

无线基站工程包括前期配套、传输接入、无线设备工程等内容。本章详细介绍了监理员需要熟悉的无线基站工程监理流程，指出了无线基站设备安装工程监理流程要点，根据监理流程列出了无线基站设备安装工程质量控制点，提出了监理员应该掌握的包括天线安装、馈线布放、走线架及走线槽、机架、DF 架、蓄电池、整流架、接地等 9 个方面的工艺检查规范，以及无线基站设备安装工程主要安全控制点及防范措施。最后对无线基站设备安装工程的典型案例进行分析。

思考题

1. 简述无线基站工程的特点。
2. 列举无线基站工程常见的设备和材料。
3. 无线基站设备安装工程的监理工作流程包括哪些主要内容？
4. 无线基站工程质量控制点有哪些？技术质量要求分别是什么？
5. 无线基站工程的天馈线安装环节安全控制措施有哪些？

第三部分

资料汇编

附录A

常用术语

监理 指有关执行者根据一定的行为准则，对某些行为进行监督管理，并协助行为主体实现其行为目的。

项目监理机构 监理单位派驻工程项目负责履行委托监理合同的组织机构。

监理工程师 取得国家监理工程师执业资格证书并经注册的监理人员。

总监理工程师 由监理单位法定代表人书面授权，全面负责委托监理合同的履行，主持项目监理机构工作的监理工程师。

总监理工程师代表 经监理单位法定代表人同意，由总监理工程师书面授权，代表总监理工程师行使其部分职责和权力的项目监理机构中的监理工程师。

专业监理工程师 根据项目监理岗位职责分工和总监理工程师的指令，负责实施某一专业或某一方面的监理工作，具有相应监理文件签发权的监理工程师。

监理员 经过监理业务培训，具有同类工程相关专业知识，从事具体监理工作的监理人员。

监理大纲 监理大纲又称监理方案，它是监理单位在业主开始委托监理的过程中，特别是在业主进行监理招标过程中，为承揽到监理业务而编写的监理方案性文件。

监理规划 在总监理工程师的主持下编制、经监理单位技术负责人批准，用来指导项目监理机构全面开展监理工作的指导性文件。

监理实施细则 根据监理规划，由专业监理工程师编写，并经总监理工程师批准，针对工程项目中某一专业或某一方面监理工作的操作性文件。

工地例会 由项目监理机构主持的在工程实施过程中针对工程质量、造价、进度、合同管理等事宜定期召开的、由有关单位参加的会议。

工程变更 在工程项目实施过程中，按照合同约定的程序，对部分或全部工程在材料、工艺、功能、构造、尺寸、技术指标、工程数量及施工方法等方面做出的改变。

工程计量 根据设计文件及承包合同中关于工程量计算的规定，项目监理机构对承包单位申报的已完成工程的工程量进行的核验。

见证 由监理人员现场监督某工序全过程完成情况的活动。

旁站 在关键部位或关键工序施工过程中，由监理人员在现场进行的监督活动。

巡视 监理人员对正在施工的部位或工序在现场进行的定期或不定期的监督活动。

平行检验 项目监理机构利用一定的检查或检测手段，在承包单位自检的基础上，按照一定的比例独立进行检查或检测的活动。

工程定额计价 即额定的消耗量标准，是按照国家有关的产品标准、设计规范和施工验收规范、质量评定标准、并参考行业和地方标准以及有代表性的工程设计、施工资料确定的施工过程中完成规定计量单位产品所消耗的人工、材料、机械的标准。

工程量清单 依据建设设计图纸、工程量计算规则、一定的计量单位、技术标准等计算所得的工程实体各分部分项的、可供编制标底和投标报价的实物工程量的汇总表，是招标文件的组成部分。

设备监造 监理单位依据委托监理合同和设备订货合同对设备制造过程进行的监督活动。

费用索赔 根据承包合同的约定，合同一方因另一方原因造成本方经济损失，通过监理工程师向对方索取费用的活动。

临时延期批准 当发生非承包单位原因造成的持续性影响工期的事件时，总监理工程师所做出暂时延长合同工期的批准。

延期批准 当发生非承包单位原因造成的持续性影响工期事件，总监理工程师所做出的最终延长合同工期的批准。

开工报审 经审查，工程开工前的各项准备工作已完成，已具备开工条件，同意开工。

复工申请 经审查，工程暂停令指出的停工因素现已全部消除，已具备复工条件，同意复工。

施工组织设计 经审查，文件内容符合施工合同的有关规定和要求，能够满足安全文明施工及总进度计划的要求，同意按此规划施工。

管理体系 经审查，该管理体系及管理制度健全，内容完整，人员资质符合工程要求，同意按此文件施工。

二次策划 经审查，文件内容完整，保障措施齐全可行，符合安全文明施工总体策划，同意按此文件施工。

应急预案报审 经审查，紧急联络与救护体制健全，应急资源准备充足，处理方案切实可行，同意按此方案施工。

施工方案 根据一个施工项目指定的实施方案。

监理周报 施工进度控制的一部分，主要是通报本周施工进度情况、监理情况和下周工作安排。

监理月报 监理月报包括以下内容：项目承接及开展情况、合作单位配合情况、公司内部项目管理提升措施、安全质量管理、案例分析。

监理合同 是指工程建设单位聘请监理单位代其对工程项目进行管理，明确双方权利、义务的协议。

建设工程档案 在工程建设活动中直接形成的具有归档保存价值的文字、图表、声像等各种形式的历史记录，也可简称工程档案。

风险回避 风险回避就是以一定的方式中断风险源，使其不发生或不再发展，从而避免可能产生的潜在损失。

风险自留 将风险留给自己承担，是从企业内部财务的角度应对风险。

网络割接 又叫网络迁移，是指运行网络物理或者逻辑上的更改。

附录 B

常见监理表格

B

常见监理表格一览表

序号	类型	名称
1		A1 工程开工/复工报审表
2		A2 施工组织设计（方案）报审表
3		A3 分包单位资格报审表
4		A4＿＿＿＿＿＿＿报验申请表
5		A5 工程款支付申请表
6	A 类	A6 监理工程师通知回复单
7		A7 工程临时延期申请表
8		A8 索赔申报表
9		A9 工程材料/构配件/设备报审表
10		A10 工程竣工报验单
11		B1 监理工程师通知单
12		B2 施工进度计划审批表
13	B 类	B3 工程暂停令
14		B4 工程款支付证书
15		B5/6 工程临时（最终）延期审批表
16		B7 索赔审批表
17	C 类	C1 监理工作联系单
18		C2 工程变更单

常见监理表格范例

A1 工程开工/复工报审表

工程名称：

合同号：

施工单位：

致×××监理有限公司：
我方承担的_____工程，已完成了以下各项施工准备工作，具备了开工/复工条件，特此申请施工，请核查并签发开工/复工指令。 附：1. 开工报告 　　2. 证明文件   承包单位（章）_____ 项目经理_____ 　　　年　　月　　日
审查意见：   项目监理机构_____ 总监理工程师_____ 　　　年　　月　　日

B1 监理工程师通知单

工程名称：

合同号：

监理单位：

致（施工单位）：

事由：

通知内容：

项目监理机构＿＿＿＿＿＿＿＿

总/专业监理工程师＿＿＿＿＿＿＿＿

日　　期＿＿＿＿＿＿＿＿

C1 监理工作联系单

工程名称：

致：
事由：
内容：

单　位_____

负责人_____

日　期_____

附录 C

工程图纸范例

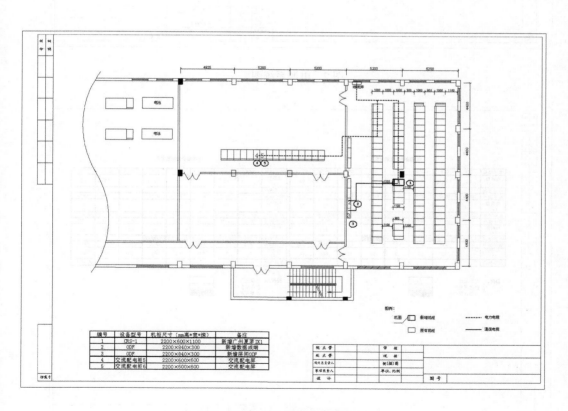

编号	设备型号	机柜尺寸（mm高*宽*深）	备注
1	CRS-1	2200×600×1100	新增广州夏莱IX1
2	ODF	2200×840×300	新增数据成端
3	ODF	2200×840×300	新增层间ODF
4	交流配电柜5	2200×600×600	交流配电屏
5	交流配电柜6	2200×600×600	交流配电屏

图 1　设备平面及走线路由图

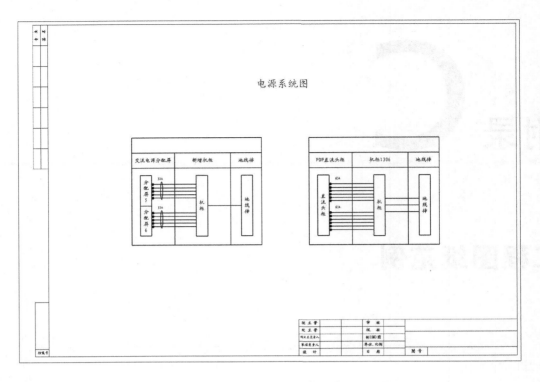

图 2　电源系统图

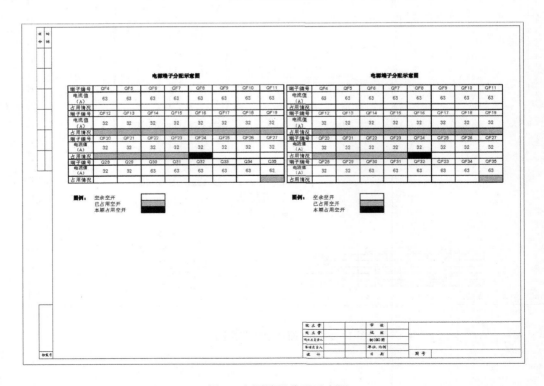

图 3　电源端子分配示意图

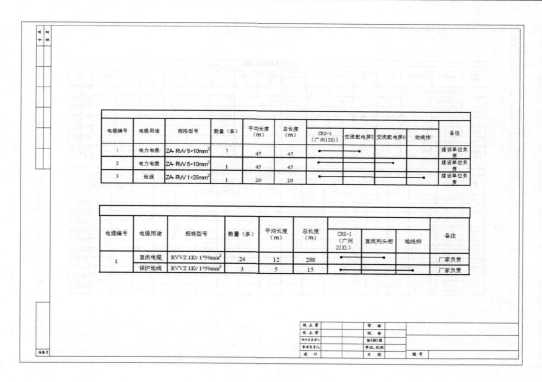

图 4　电力电缆布线计划表

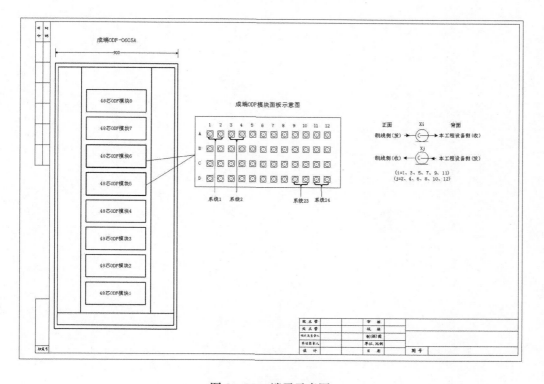

图 5　ODF 端子示意图

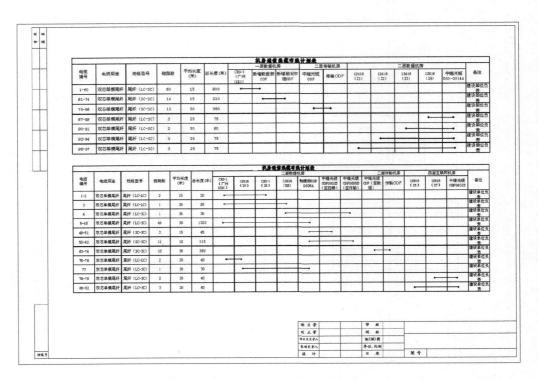

图6 通信电缆布线计划表

附录 D

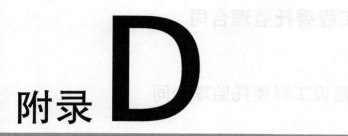

监理合同范例

GF—2000—0202

建设工程委托监理合同

工程名称：

工程地点：

合同编号：

委 托 人：

监 理 人：

签订日期：20 年 月 日

国 家 建 设 部

制 定

国家工商行政管理局

建设工程委托监理合同

第一部分　建设工程委托监理合同

委托人＿＿＿＿＿＿＿＿＿＿与监理人＿＿＿＿＿＿＿＿＿

经双方协商一致，签订本合同。

一、委托人委托监理人监理的工程（以下简称"本工程"）概况如下：

工程名称：

工程地点：

工程规模：

总　投　资：

二、本合同中的有关词语含义与本合同第二部分《标准条件》中赋予它们的定义相同。

三、下列文件均为本合同的组成部分：

① 监理投标书或中标通知书（监理委托函）；

② 本合同标准条件；

③ 本合同专用条件；

④ 在实施过程中双方共同签署的补充与修正文件。

四、监理人向委托人承诺，按照本合同的规定，承担本合同专用条件中议定范围内的监理业务。

五、委托人向监理人承诺按照本合同注明的期限、方式、币种，向监理人支付报酬。

本合同自 20＿＿年＿＿月＿＿日开始实施，至 20＿＿年＿＿月＿＿日完成。

本合同一式＿＿＿＿份，具有同等法律效力，双方各执＿＿＿＿份。

（此页以下无正文）

委托人：　　　　　　　　　　　　　监理人：

（签章）：　　　　　　　　　　　　（签章）

住所：　　　　　　　　　　　　　　住所：

法定代表人：　　　　　　　　　　　法定代表人：

（签章）：　　　　　　　　　　　　（签章）：

开户银行：　　　　　　　　　　　　开户银行：

账号：　　　　　　　　　　　　　　账号：

邮编：　　　　　　　　　　　　　　邮编：

电话：　　　　　　　　　　　　　　电话：

　　　本合同签订于：20＿＿年＿＿月＿＿日

第二部分 标准条件

词语定义、适用范围和法规

第一条 下列名词和用语，除上下文另有规定外，有如下含义：

（1）"工程"是指委托人委托实施监理的工程。

（2）"委托人"是指承担直接投资责任和委托监理业务的一方以及其合法继承人。

（3）"监理人"是指承担监理业务和监理责任的一方以及其合法继承人。

（4）"监理机构"是指监理人派驻本工程现场实施监理业务的组织。

（5）"总监理工程师"是指经委托人同意，监理人派到监理机构全面履行本合同的全权负责人。

（6）"承包人"是指除监理人以外，委托人就工程建设有关事宜签订合同的当事人。

（7）"工程监理的正常工作"是指双方在专用条件中约定，委托人委托的监理工作范围和内容。

（8）"工程监理的附加工作"是指：①委托人委托监理范围以外，通过双方书面协议另外增加的工作内容；②由于委托人或承包人原因，使监理工作受到阻碍或延误，因增加工作量或持续时间而增加的工作。

（9）"工程监理的额外工作"是指正常工作和附加工作以外或非监理人自己的原因而暂停或终止监理业务，其善后工作及恢复监理业务的工作。

（10）"日"是指任何一天零时至第二天零时的时间段。

（11）"月"是指根据公历从一个月份中任何一天开始到下一个月相应日期的前一天的时间段。

第二条 建设工程委托监理合同适用的法律是指国家的法律、行政法规，以及专用条件中议定的部门规章或工程所在地的地方法规、地方规章。

第三条 本合同文件使用汉语语言文字书写、解释和说明。如专用条件约定使用两种以上（含两种）语言文字时，汉语应为解释和说明本合同的标准语言文字。

监理人义务

第四条 监理人按合同约定派出监理工作需要的监理机构及监理人员，向委托人报送委派的总监理工程师及其监理机构主要成员名单、监理规划，完成监理合同专用条件中约定的监理工程范围内的监理业务。在履行合同义务期间，应按合同约定定期向委托人报告监理工作。

第五条 监理人在履行本合同的义务期间，应认真、勤奋地工作，为委托人提供与其水平相应的咨询意见，公正维护各方面的合法权益。

第六条 监理人使用委托人提供的设施和物品属委托人的财产，在监理工作完成或中止时，应将其设施和剩余的物品按合同约定的时间和方式移交给委托人。

第七条 在合同期内或合同终止后，未征得有关方同意，不得泄露与本工程、本合同业务有关的保密资料。

委托人义务

第八条 委托人在监理人开展监理业务之前，应向监理人支付预付款。

第九条 委托人应当负责工程建设的所有外部关系的协调，为监理工作提供外部条件。根据需要，如将部分或全部协调工作委托监理人承担，则应在专用条件中明确委托的工作和相应的报酬。

第十条 委托人应当在双方约定的时间内免费向监理人提供与工程有关的为监理工作所需要的工

程资料。

第十一条 委托人应当在专用条款约定的时间内就监理人书面提交并要求作出决定的一切事宜作出书面决定。

第十二条 委托人应当授权一名熟悉工程情况、能在规定时间内作出决定的常驻代表（在专用条款中约定），负责与监理人联系。更换常驻代表要提前通知监理人。

第十三条 委托人应当将授予监理人的监理权利，以及监理人主要成员的职能分工、监理权限及时书面通知已选定的承包合同的承包人，并在与第三人签订的合同中予以明确。

第十四条 委托人应在不影响监理人开展监理工作的时间内提供如下资料：

（1）与本工程合作的原材料、构配件、设备等生产厂家名录。

（2）提供与本工程有关的协作单位、配合单位的名录。

第十五条 委托人应免费向监理人提供办公用房、通信设施、监理人员工地住房及合同专用条件约定的设施，对监理人自备的设施给予合理的经济补偿（补偿金额＝设施在工程使用时间占折旧年限的比例×设施原值＋管理费）。

第十六条 根据情况需要，如果双方约定，由委托人免费向监理人提供其他人员，应在监理合同专用条件中予以明确。

监理人权利

第十七条 监理人在委托人委托的工程范围内享有以下权利：

（1）选择工程总承包人的建议权。

（2）选择工程分包人的认可权。

（3）对工程建设有关事项，包括工程规模、设计标准、规划设计、生产工艺设计和使用功能要求，向委托人的建议权。

（4）对工程设计中的技术问题，按照安全和优化的原则，向设计人提出建议；如果拟提出的建议可能会提高工程造价，或延长工期，应当事先征得委托人的同意。当发现工程设计不符合国家颁布的建设工程质量标准或设计合同约定的质量标准时，监理人应当书面报告委托人并要求设计人更正。

（5）审批工程施工组织设计和技术方案，按照保质量、保工期和降低成本的原则，向承包人提出建议，并向委托人提出书面报告。

（6）主持工程建设有关协作单位的组织协调，重要协调事项应当事先向委托人报告。

（7）征得委托人同意，监理人有权发布开工令、停工令、复工令，但应当事先向委托人报告。如在紧急情况下未能事先报告时，则应在24小时内向委托人作出书面报告。

（8）工程上使用的材料和施工质量的检验权。对于不符合设计要求和合同约定及国家质量标准的材料、构配件、设备，有权通知承包人停止使用；对于不符合规范和质量标准的工序、分部、分项工程和不安全施工作业，有权通知承包人停工整改、返工。承包人得到监理机构复工令后才能复工。

（9）工程施工进度的检查、监督权，以及工程实际竣工日期提前或超过工程施工合同规定的竣工期限的签认权。

（10）在工程施工合同约定的工程价格范围内，工程款支付的审核和签认权。未经总监理工程师签字确认，委托人不支付工程款。

第十八条 监理人在委托人授权下，可对任何承包人合同规定的义务提出变更。如果由此严重影响了工程费用或质量或进度，则这种变更须经委托人事先批准。在紧急情况下未能事先报委托人批准时，监理人所做的变更也应尽快通知委托人。在监理过程中，如发现工程承包人员工作不力，监理机构可要求承包人调换有关人员。

第十九条 在委托的工程范围内，委托人或承包人对对方的任何意见和要求（包括索赔要求），均必须首先向监理机构提出，由监理机构研究处置意见，再同双方协商确定，当委托人和承包人发生争议时，监理机构应根据自己的职能，以独立的身份判断，公正地进行调解。当双方争议由政府建设行政主管部门调解或仲裁机关仲裁时，应当提供作证的事实材料。

委托人权利

第二十条 委托人有选定工程总承包人以及与其订立合同的权利。

第二十一条 委托人有对工程规模、设计标准、规划设计、生产工艺设计和设计使用功能要求的认定权，以及对工程设计变更的审批权。

第二十二条 监理人调换总监理工程师，须事先经委托人同意。

第二十三条 委托人有权要求监理人提交监理工作月报及监理业务范围内的专项报告。

第二十四条 当委托人发现监理人员不按监理合同履行监理职责，或与承包人串通给委托人或工程造成损失的，委托人有权要求监理人更换监理人员，直到终止合同并要求监理人承担相应的赔偿责任或连带赔偿责任。

监理人责任

第二十五条 监理人的责任期即委托监理合同有效期。在监理过程中，如果因工程建设进度的推迟或延误而超过书面约定的日期，双方应进一步约定相应延长的合同期。

第二十六条 监理人在责任期内应当履行约定的义务。如果因监理人过失而造成了委托人的经济损失，应当向委托人赔偿。累计赔偿总额不应超过监理报酬总额（除去税金）。

第二十七条 监理人对承包人违反合同规定的质量要求和完工（交图、交货）时限不承担责任。因不可抗力导致委托监理合同不能全部或部分履行，监理人不承担责任。但对违反第五条规定引起的与之有关的事宜，向委托人承担赔偿责任。

第二十八条 监理人向委托人提出赔偿要求不能成立时，监理人应当补偿由于该索赔所导致委托人的各种费用支出。

委托人责任

第二十九条 委托人应当履行委托监理合同约定的义务，如有违反，则应当承担违约责任，赔偿给监理人造成的经济损失。

监理人处理委托业务时，因非监理人原因的事由受到损失的，可以向委托人要求补偿损失。

第三十条 委托人如果向监理人提出赔偿的要求不能成立，则应当补偿由该索赔所引起的监理人的各种费用支出。

合同生效、变更与终止

第三十一条 由于委托人或承包人的原因使监理工作受到阻碍或延误，以致发生了附加工作或延长了持续时间，则监理人应当将此情况与可能产生的影响及时通知委托人。完成监理业务的时间相应延长，并得到附加工作的报酬。

第三十二条 在委托监理合同签订后，实际情况发生变化，使得监理人不能全部或部分执行监理业务时，监理人应当立即通知委托人。该监理业务的完成时间应予延长。当恢复执行监理业务时，应当增加不超过 42 日的时间用于恢复执行监理业务，并按双方约定的数量支付监理报酬。

第三十三条 监理人向委托人办理完竣工验收或工程移交手续，承包人和委托人已签订工程保修责任书，监理人收到监理报酬尾款，本合同即终止。保修期间的责任，双方在专用条款中约定。

第三十四条　当事人一方要求变更或解除合同时，应当在 42 日前通知对方，因解除合同使一方遭受损失的，除依法可以免除责任的，其余应由责任方负责赔偿。

变更或解除合同的通知或协议必须采取书面形式，协议未达成之前，原合同仍然有效。

第三十五条　监理人在应当获得监理报酬之日起 30 日内仍未收到支付单据，而委托人又未对监理人提出任何书面解释时，或根据第三十一条及第三十二条已暂停执行监理业务时限超过六个月的，监理人可向委托人发出终止合同的通知，发出通知后 14 日内仍未得到委托人答复，可进一步发出终止合同的通知，如果第二份通知发出后 42 日内仍未得到委托人答复，可终止合同或自行暂停或继续暂停执行全部或部分监理业务。委托人承担违约责任。

第三十六条　监理人由于非自己的原因而暂停或终止执行监理业务，其善后工作以及恢复执行监理业务的工作应当视为额外工作，有权得到额外的报酬。

第三十七条　当委托人认为监理人无正当理由而又未履行监理义务时，可向监理人发出指明其未履行义务的通知。若委托人发出通知后 21 日内没有收到答复，可在第一个通知发出后 35 日内发出终止委托监理合同的通知，合同即行终止。监理人承担违约责任。

第三十八条　合同协议的终止并不影响各方应有的权利和应当承担的责任。

监理报酬

第三十九条　正常的监理工作、附加工作和额外工作的报酬，按照监理合同专用条件中约定的方法计算，并按约定的时间和数额支付。

第四十条　如果委托人在规定的支付期限内未支付监理报酬，自规定之日起，还应向监理人支付滞纳金。滞纳金从规定支付期限最后一日起计算。

第四十一条　支付监理报酬所采取的货币币种、汇率由合同专用条件约定。

第四十二条　如果委托人对监理人提交的支付通知中报酬或部分报酬项目提出异议，应当在收到支付通知书 24 小时内向监理人发出表示异议的通知，但委托人不得拖延其他无异议报酬项目的支付。

其　　他

第四十三条　委托的建设工程监理所必要的监理人员出外考察，材料、设备复试，其费用支出经委托人同意的，在预算范围内向委托人实报实销。

第四十四条　在监理业务范围内，如需聘用专家咨询或协助，由监理人聘用的，其费用由监理人承担；由委托人聘用的，其费用由委托人承担。

第四十五条　监理人在监理工作过程中提出的合理化建议，使委托人得到了经济效益，委托人应按专用条件中的约定给予经济奖励。

第四十六条　监理人驻地监理机构及其职员不得接受监理工程项目施工承包人的任何报酬或者经济利益。

监理人不得参与可能与合同规定的与委托人的利益相冲突的任何活动。

第四十七条　监理人在监理过程中，不得泄露委托人申明的秘密，监理人亦不得泄露设计人、承包人等提供并申明的秘密。

第四十八条　监理人对于由其编制的所有文件拥有版权，委托人仅有权为本工程使用或复制此类文件。

争议的解决

第四十九条　因违反或终止合同而引起的对对方损失和损害的赔偿，双方应当协商解决，如未能达成一致，可提交主管部门协调，如仍未能达成一致时，根据双方约定提交仲裁机关仲裁，或向人民法院起诉。

第三部分　专用条件

第二条　本合同适用的法律及监理依据：

（1）中华人民共和国有关的法律、法规、条例，政府主管部门批准的建设计划、规划等；

（2）当地建设行政主管部门的有关规定和通知等；

（3）国家和地方现行的技术标准及施工验收规范；

（4）本工程的建设工程委托监理合同以及其他建设工程承包合同；

（5）经批准的设计图纸及设计文件；

（6）建设工程监理规范（GB 50319-2000）。

第四条　监理范围和监理工作内容：

本房屋加固工程工程施工阶段及工程保修期阶段的建设监理，监理工作内容包括如下：

（1）协助委托人核实承包人的资质及签订建设工程承包合同；协助委托人办理施工许可证；

（2）参加由委托人组织的对设计图纸的会审和设计技术交底会，总监理工程师应对设计技术交底会议纪要进行签认；

（3）核实承包人投入该项目技术装备情况；

（4）审查承包人的开工报告，核实业主与承包人开工前基建程序所需的各种批准文件及手续，征得委托人同意后，发布开工令；

（5）对工程设计中的技术问题，按照安全和优化的原则，向设计人提出建议；如果拟提出的建议可能会提高工程造价或延长工期，应当事先征得委托人的同意。当发现工程设计不符合国家颁布的建设工程质量标准或设计合同约定的质量标准时，监理人应当书面报告委托人并要求设计人更正；

（6）审批工程施工组织设计和技术方案，按照保质量、保工期和降低成本的原则，向承包人提出建议，并向委托人提出书面报告；

（7）制定现场工程监理工作制度，填写监理日记及大事记。定期召开监理例会，通报监理情况及工程的有关事宜；

（8）检验工程上使用的材料和施工质量。对于不符合设计要求和合同约定及国家质量标准的材料、构配件、设备，有权通知承包人停止使用；对于不符合规范和质量标准的工序、分部分项工程和不安全施工作业，有权通知承包人停工整改、返工。承包人得到监理机构复工令后才能复工；

（9）工程施工进度的检查、监督，以及工程实际竣工日期提前或超过工程施工合同规定的竣工期限的签认；

（10）工程承包合同约定的工程价格范围内工程款支付的审核和签认。未经总监理工程师签字确认，委托人不支付工程款；

（11）监督检查工程的安全生产、文明施工及安全防护措施；

（12）协助处理工程出现的质量事故和安全事故，参与重大质量、安全事故分析和处理。对突然发生的事故，可决定作出紧急措施，并及时向委托人报告；

（13）征得委托人同意，监理人下达工程暂停令、复工令，但应当事先向委托人报告。如在紧急情况下未能事先报告时，则应在 24 小时内向委托人作出书面报告；

（14）办理委托人决定更改、增减工程内容、数量事宜，审理承包人申报的有关工程更改的请求，提出处理意见；

（15）协调委托人与设计单位、承包人之间的关系，对工程设计、建设工程承包合同中出现的纠纷和索赔事项提出建议或意见；

（16）督促承包人提交完整的工程竣工验收资料；

（17）组织委托人、设计单位、承包单位共同对工程进行预验收，并签署预验收意见。对预验收中提出的问题，应及时要求承包单位整改；整改完毕由总监理工程师签署工程竣工报验单，并应在此基础上提出工程质量评估报告。工程质量评估报告应经总监理工程师和监理单位技术负责人审核签字；

（18）参加由委托人组织的正式竣工验收，并提供相关监理资料，协助委托人办理工程竣工验收备案，总监理工程师会同参加验收的各方签署竣工验收报告；

（19）为确保现场监理工作顺利进行，监理人保证派驻现场两名现场监理人员进行监理工作。

第九条 外部条件包括：

（1）用书面形式通知有关外部关系各方，明确监理人在工程建设监理过程中的责权；

（2）向有关部门申请供水、供电、电信、消防、煤气、公共天线、防雷、防治白蚁等专业报装工作，办理临时占用道路、污水及余泥排放、夜间施工等申报手续。

第十条 委托人应提供的工程资料及提供时间：

（1）项目扩初批准设计文件；

（2）在扩初文件中，项目的功能、标准、基础和结构方案确定，并明确大型设备型号、规格和数量；

（3）工程地质勘探资料，工程勘察设计委托合同；

（4）施工图或施工图出图计划；

（5）报建资料包括《建设工程规划许可证》、《建筑工程报建审核书》和《建设工程放线、验线册》、《土地使用证》和红线图、《投资许可证》等资料。这些资料应能满足办理《施工许可证》的需要；

（6）完成拆迁和场地五通一平，能满足工程开工需要；地下有管线的，应将有关管线资料提供给监理人；

（7）选择或委托选择承包人以及各专业工程承（分）包人，签订建设工程施工合同，并及时将有关资料和合同副本提供给监理人；

（8）涉及本工程的勘察设计全套资料等；

（9）以上资料提供时间将根据工程进度情况再作约定。

第十一条 委托人应在七天内对监理人书面提交并要求作出决定的事宜作出书面答复。

第十五条 委托人免费向监理机构提供如下设施：

现场办公用房、办公电话、办公桌椅和现场监理人员的住宿用房，配床架桌椅。

第二十六条 监理人在责任期内如果失职，同意按以下办法承担责任，赔偿损失（累计赔偿额不超过监理报酬总数（扣税））：

赔偿金＝直接经济损失×报酬比率（扣除税金）

第三十九条 委托人同意按以下的计算方法、支付时间与金额支付监理人的报酬。

第四十一条 双方同意用人民币支付报酬。

第四十九条 本合同在履行过程中发生争议时，当事人双方应及时协商解决。协商不成时，双方同意由工程所在地仲裁委员会仲裁。

附录 E

监理细则范例

移动交换工程监理细则

1. 目的

为了优化交换工程监理工作，推行项目管理，结合交换工程特点，制定本工程，以此更好地指导监理工作。

2. 适用范围

适用于交换工程建设项目实施过程中监理人员对交换工程的质量控制。

3. 交换工程监理的特点

交换工程监理工作与其他专业监理工作相比，有其独特的特点，主要表现在下列几个方面：

（1）交换工程量集中性比较强，工程工期比较紧。一般来说，交换工程建设的高峰期出现在端午节、中秋、春节前一到两个月内，其他月份都是工程的淡季，在 3 个工程高峰期内，将近要建设完成交换工程整年工程量的 90%以上，高度集中的工程量给工程监理工作带来了一定的难度。

（2）交换工程对监理人员的专业技术水平要求比较高。交换工程是一个技术要求比较高的专业，软件调测、局数据的制作都需要具备专业知识的人员进行，为了保证监理人员与局方人员、调测人员进行有效的沟通，监理人员也必须具备一定的交换专业知识，能够看懂调测流程，进行一些常规的功能验证测试，能够准确地描述工程进展和汇报工程故障、事故情况，保证工程信息的准确性。

（3）交换工程事故影响面大，安全施工至关重要。有的交换局承载 500 万个用户，只要进行不当操作，就可能导致交换局瘫痪、大面积通信中断，影响业主通信网络正常运营，在交换工程施工过程中，保证安全施工至关重要，要求监理人员有强烈的安全意识和安全施工控制能力及对施工安全、文明有较强的监管力度。

（4）涉及专业比较广。交换工程涉及的专业不仅有交换专业，还包括计算机网络专业、电源专业、传输专业、无线专业等，这要求监理人员不仅要具备交换专业知识，还要具有上述其他专业知识，更好地保证交换工程顺利的实施。

（5）涉及单位、部门比较多，沟通协调工作比较大。交换工程涉及网管、计费、承载网、传输、时钟等，牵扯到局方许多部门，需要配合的工作比较多，沟通协调工作比较大，针对这一点，需要监理人员有较强的沟通协调能力，有丰富的工程管理经验。

4. 监理内容

工 作 流 程	工作岗位	过程指导（文件）	参考文件	结果文件
工程开始 → 工程勘察 → 督促出图	监理工程师	《工程勘察阶段监理指导书》	《交换工程勘察记录表》《监理日志》（样板）	《交换工程勘察记录表》（模板）《监理日志》（模板）
	监理工程师	根据现场勘察时局方确定的提交设计文件的截止时间，督促设计单位提交设计文件	《工程联系单》（样板）	《工程联系单》（模板）
设计会审 → 工程准备阶段	监理工程师	《工程设计会审阶段监理指导书》	《监理日志》（样板）《会审情况记录表》（样板）《设计会审纪要》（样板）《设计文件审核意见表》（样板）	《监理日志》（模板）《会审情况记录表》（模板）《设计会审纪要》（模板）《设计文件审核意见表》（模板）
开工文件审核	监理工程师	《工程准备阶段监理指导书》	《交换工程项目推进表》（样板）设备材料到货清单（样板）	《交换工程项目推进表》（模板）《设备材料到货清单》（模板）
材料进场开箱验货 → 硬件安装阶段 → 设备加电	总监理工程师	总监理工程师审批施工方案，监理工程师审核是否提交《机房施工安全保证书》	《开工报告》《施工组织方案及报审表》（样板）《工程开工报告》	《开工报告》《施工组织方案及报审表》（模板）《工程开工报告》
软件调测	监理工程师	《工程材料进场阶段监理指导书》	《物资领用表》（样板）开箱验货报告（样板）《工程监理安全检查表》《监理日志》（样板）	《物资领用表》、开箱验货报告（模板）《工程监理安全检查表》《监理日志》（模板）
初验准备	监理工程师	《工程硬件安装阶段监理指导书》《爱立信硬件安装规范》	《工程日志》《工程周报》、监理日志《交换工程安装质量检查表》（范本）《工程监理安全检查表》（样板）	《工程日志》《工程周报》《监理日志》《交换工程安装质量检查表》《工程监理安全检查表》（模板）

续表

工 作 流 程	工作岗位	过程指导（文件）	参考文件	结果文件
 ↓ 工程初验 ↓ 监理档案编制 ↓ 工程结算 ↓ 工程终验	监理 工程师	《工程设备加电监理指导书》	《工程日志》《监理日志》《设备加电检查表》《工程监理安全检查表》（样板）	《工程日志》《监理日志》《设备加电检查表》《工程监理安全检查表》（模板）
	监理 工程师	《工程软调实施阶段监理指导书》	《工程日志》《监理日志》《工程周报》《工程监理安全检查表》《工程调测记录》（样板）	《工程日志》《监理日志》《工程周报》《工程调测记录》《工程监理安全检查表》
	监理 工程师	《工程准备验收阶段监理指导书》	《工程日志》《监理日志》《交换工程安装质量检查表》《初验申请报表》《在建工程物资退仓表》（样板）	《监理日志》《交换工程安装质量检查表》《初验申请报表》《在建工程物资退仓表》（模板）
	监理 工程师	《工程验收阶段监理指导书》	《监理日志》《初验手册》《初步竣工决算报表》《初验证书》《初步验收报告》《交工文件》《物资移交明细表》（样板）	《监理日志》《初验手册》《初步竣工决算报表》《初验证书》《初步验收报告》《交工文件》《物资移交明细表》（模板）
	总监 代表	《监理档案资料编制指导书》		《监理档案资料目录》
	总监 代表	《工程结算作业监理指导书》	《工程结算汇总表》（样板）	《工程结算汇总表》（模板）
	监理 工程师	《工程终验监理指导书》	《试运行报告》《终验证书》《正式竣工决算报表》《竣工文件》（样板）	《试运行报告》《终验证书》《正式竣工决算报表》《竣工文件》（模板）

5. 监理细则附件

交换工程硬件安装工艺相关示范图片；

交换工程监理工作流程；

交换工程质量通病与监理防治手册；

交换工程进度影响因素与控制措施；

交换工程危险源的识别与防护办法。

编制：　　　　　　审核：　　　　　　批准：

附录 F

国家法律、法规一览表

1. 相关法律

序号	法律名称	发布日期	实施日期
1	中华人民共和国仲裁法	1994-8-31	1995-9-1
2	中华人民共和国劳动法	1994-7-5	1995-1-1
3	中华人民共和国合同法	1999-3-15	1999-10-1
4	中华人民共和国土地管理法	1998-8-29	1999-1-1
5	中华人民共和国城乡规划法	2007-10-28	2008-1-1
6	中华人民共和国城乡房地产管理法	1994-7-5	1995-1-1
7	中华人民共和国安全生产法	2002-6-29	2002-11-1
8	中华人民共和国建筑法	1997-11-1	1998-3-1
9	中华人民共和国招标投标法	1999-8-30	2000-1-1
10	中华人民共和国政府采购法	2002-6-29	2003-1-1
11	中华人民共和国标准化法	1988-12-29	1989-4-1
12	中华人民共和国档案法	1996-7-5	1996-7-5
13	中华人民共和国测绘法	2002-8-29	2002-12-1
14	中华人民共和国环境保护法	1989-12-26	1989-12-26
15	中华人民共和国防震减灾法	2008-12-27	2009-5-1
16	中华人民共和国节约能源法	2007-10-28	2008-4-1
17	中华人民共和国预算法	1994-3-22	1995-1-1

续表

序号	法律名称	发布日期	实施日期
18	全国人民代表大会常务委员会关于修改《中华人民共和国劳动合同法》的决定	2012-12-28	2013-7-1
19	中华人民共和国工会法	2001-11-27	2001-11-27
20	中华人民共和国消防法	2008-10-28	2009-5-1
21	中华人民共和国刑法	2011-2-25	2011-2-25
22	中华人民共和国环境噪声污染防治法	1996-10-29	1997-3-1
23	中华人民共和国固体废物环境污染防治法	1995-10-30	2005-4-1
24	全国人民代表大会常务委员会关于修改《中华人民共和国职业病防治法》的决定	2011-12-31	2011-12-31

2. 相关法规

序号	法规名称	发布日期	实施日期
1	通信建设工程安全生产操作规范	2008-7-1	2008-7-1
2	危险性较大的分部分项工程安全管理办法（住建部）	2009-5-13	2009-5-13
3	建设工程安全生产管理条例（国务院令第 393 号）	2003-11-12	2004-2-1
4	建设工程质量管理条例（国务院令第 279 号）	2000-1-10	2000-1-10
5	危险性较大工程安全专项施工方案编制及专家论证审查办法（建设部）	2004-12-1	2004-12-1
6	建筑施工企业安全生产管理机构设置及专职安全生产管理人员配备办法的通知（住房和城乡建设部）(2008)	2008-5-13	2008-5-13
7	工伤保险条例	2010-12-20	2011-1-1
8	生产安全事故报告和调查处理条例	2007-7-3	2007-7-3
9	安全生产许可证条例	2004-1-7	2004-1-7
10	民用爆炸物品安全管理条例（国务院令第 466 号）	2006-4-26	2006-9-1

3. 相关规定

序号	规定名称	发布日期	实施日期
1	机动车驾驶证申领和使用规定（公安部令 123 号）	2012-8-21	2013-1-1
2	国务院关于修改《机动车交通事故责任强制保险条例》的决定	2012-12-17	2013-3-1
3	关于印发《建筑施工特种作业人员管理规定》的通知（住建部）	2008-4-18	2008-6-1
4	建筑业企业职工安全培训教育暂行规定	1997-4-17	1997-4-17

序号	规定名称	发布日期	实施日期
5	实施工程建设强制性标准监督规定	2000-8-25	2000-8-25
6	施工现场临时用电安全技术规范	2005-4-15	2005-7-1
7	中华人民共和国安全条例	2000-9-25	2000-9-25
8	通信工程建设环境保护技术暂行规定	2009-2-26	2009-5-1
9	通信建设工程安全生产操作规范	2008-6-13	2008-6-13

附录 G

国家及行业标准一览表

1. 国家标准

1.1 通信线路工程

序号	专业	标准编号	标准名称	发布日期	实施日期
1	通信线路工程	GB 50339-2003	智能建筑 GB50339-2003	2003-7-1	2003-10-1
2	通信线路工程	GB50847-2012	住宅区和住宅建筑内光纤到户通信设施工程施工及验收规范	2012-12-25	2013-4-1
3	通信线路工程	GB50846-2012	住宅区和住宅建筑内光纤到户通信设施工程设计规范	2012-12-25	2013-4-1

1.2 通信管道工程

序号	专业	标准编号	标准名称	发布日期	实施日期
1	通信管道工程	GB 50374-2006	通信管道工程施工及验收规范	2006-12-11	2007-5-1
2	通信管道工程	DXJS 1003-2005	管道设计规范	2005-9-16	2005-9-16

1.3 监理行业

序号	专业	标准编号	标准名称	发布日期	实施日期
1	监理行业	GB 50319-2000	建设工程监理规范	2000-12-7	2001-5-1

2. 行业标准

2.1 通信电源设备

序号	专业	标准编号	标准名称	发布日期	实施日期
1	通信电源	YD 5079-2005	通信电源设备安装工程验收规范	2006-7-25	2006-10-1
2		YD/T 5040-2005	通信电源设备安装工程设计规范	2006-7-25	2006-10-1
3		YD/T 5058-2005	通信电源集中监控系统工程验收规范	2006-7-25	2006-10-1
4		YD/T 5027-2005	通信电源集中监控系统工程设计规范	2006-7-25	2006-10-1

2.2 有线通信设备

序号	专业	标准编号	标准名称	发布日期	实施日期
1	有线通信设备	YD/T 5132-2005	通信工程建设标准规范（2006年10月1日起开始实行的41项新标准）		2006-10-1
2		YD/T 5036-2005	固定智能网工程设计规范	2005-10-8	2006-1-1
3		YD 5098-2005	通信局（站）防雷与接地工程设计规范	2006-7-25	2006-10-1
4		YD/T 5175-2009	通信局（站）防雷与接地工程验收规范	2009-2-26	2009-5-1
5		YD/T 5003-2005	电信专用房屋设计规范	2006-7-25	2006-10-1
6		YD/T 5092-2005	长途光缆波分复用（WDM）传输系统工程设计规范	2006-2-28	2006-6-1
7		YD/T 5087-2005	智能网设备安装工程验收规范	2005-10-8	2006-1-1
8		YD/T 5070-2005	公用计算机互联网工程验收规范	2005-10-8	2006-1-1
9		YD/T 5037-2005	公用计算机互联网工程设计规范	2005-10-8	2006-1-1
10		YD/T 5140-2005	有线接入网设备安装工程验收规范	2006-2-28	2006-6-1
11		YD/T 5139-2005	有线接入网设备安装工程设计规范	2006-2-28	2006-6-1
12		YD/T 5186-2010	通信系统用室外机柜安装设计规范	2010-5-14	2010-10-1
13		YD/T 5090-2005	数字同步网设备安装工程验收规范	2005-10-8	2006-1-1
14		YD/T 5089-2005	数字同步网工程设计规范	2005-10-8	2006-1-1
15		YD/T 5033-2005	会议电视系统工程验收规范	2005-10-8	2006-1-1
16		YD/T 5032-2005	会议电视系统工程设计规范	2005-10-8	2006-1-1
17		YD/T 5077-2005	固定电话交换设备安装工程验收规范	2005-10-8	2006-1-1
18		YD/T 5076-2005	固定电话交换设备安装工程设计规范	2005-10-8	2006-1-1
19		YD 5045-97	公用分组交换数据网工程验收规范	1997-6-27	1997-9-1
20		YD/T 5171-2009	个性化回铃音平台工程验收暂行规定	2009-2-26	2009-5-1
21		YD 5059-2005	电信设备安装抗震设计规范	2006-7-25	2006-10-1

续表

序号	专业	标准编号	标准名称	发布日期	实施日期
22		YD/T 5164-2009	电信客服呼叫中心工程验收规范	2009-2-26	2009-5-1
23		YD/T 5026-2005	电信机房铁架安装设计标准	2006-7-25	2006-10-1
24		YD/T 5157-2007	移动短消息中心设备安装工程验收规范	2007-10-25	2007-12-1
25		YD 5153-2007	固定软交换工程设计暂行规定	2007-10-25	2007-12-1
26		YD 5154-2007	固定软交换设备安装工程验收暂行规定	2007-10-25	2007-12-1
27		YD 5155-2007	固定电话网智能化工程设计规范	2007-10-25	2007-12-1
28		YD 5156-2007	固定电话网智能化设备安装工程验收规范	2007-10-25	2007-12-1
29		YD/T 5150-2007	基于 SDH 的多业务传输节点（MSTP）本地光缆传输工程验收规范	2007-10-25	2007-12-1
30		YD/T 5149-2007	SDH 本地网光缆传输工程验收规范	2007-10-25	2007-12-1
31	有线通信设备	YD/T 5144-2007	自动交换光网络（ASON）工程设计暂行规定	2007-10-25	2007-12-1
32		YD/T 5145-2007	自动交换光网络（ASON）工程验收暂行规定	2007-10-25	2007-12-1
33		YD/T 5015-2007	电信工程制图与图形符号规定	2007-10-25	2007-12-1
34		YD/T 5113-2005	WDM 光缆通信工程网管系统设计规范	2006-2-28	2006-6-1
35		YD/T 5044-2005	SDH 长途光缆传输系统工程验收规范	2006-2-28	2006-6-1
36		YD/T 5080-2005	SDH 光缆通信工程网管系统设计规范	2006-2-28	2006-6-1
37		YD/T 5095-2005	SDH 长途光缆传输系统工程设计规范	2006-2-28	2006-6-1
38		YD/T 5024-2005	SDH 本地网光缆传输工程设计规范	2006-2-28	2006-6-1
39		YD/T 5136-2005	IP 视讯会议系统工程验收暂行规定	2005-10-8	2006-1-1
40		YD/T 5135-2005	IP 视讯会议系统工程设计暂行规定	2005-10-8	2006-1-1
41		YD/T 5185-2010	IP 多媒体子系统（IMS）工程设计暂行规定	2010-5-14	2010-10-1
42		YD 5060-2010	YD 5060-2010 通信设备安装抗震设计图集	2010-5-14	2010-10-1
43		YDT 5186-2010	YDT 5186-2010 通信系统用室外机柜安装设计规定	2010-5-14	2010-10-1

2.3			无线通信设备		
序号	专业	标准编号	名　称	发布日期	实施日期
1	无线通信设备	YD/T 5132-2005	移动通信工程钢塔桅结构验收规范	2006-7-25	2006-10-1
2		YD/T 5131-2005	移动通信工程钢塔桅结构设计规范	2006-7-25	2006-10-1
3		YD/T 5116-2005	移动短消息中心工程设计规范	2006-7-25	2006-10-1

序号	专业	标准编号	名　称	发布日期	实施日期
4	无线通信设备	YD/T 5158-2007	移动多媒体消息中心工程设计暂行规定	2007-10-25	2007-12-1
5		YD/T 5159-2007	移动多媒体消息中心工程验收暂行规定	2007-10-25	2007-12-1
6		YD 5112-2008	2 GHz TD-SCDMA 数字蜂窝移动通信网工程设计暂行规定	2009-1-8	2009-2-1
7		YD/T 5173-2009	2 GHz WCDMA 数字蜂窝移动通信网工程验收暂行规定	2008-12-6	2009-1-1
8		YD/T 5111-2009	2 GHz WCDMA 数字蜂窝移动通信网工程设计暂行规定	2008-12-6	2009-1-1
9		YD/T 5097-2005	3.5 GHz 固定无线接入工程设计规范	2006-7-25	2006-10-1
10		YD 5174-2008	2 GHz TD-SCDMA 数字蜂窝移动通信网工程验收暂行规定	2009-1-8	2009-2-1
11		YD/T 5110-2009	800 MHz/2 GHz cdma2000 数字蜂窝移动通信网工程设计暂行规定	2009-1-8	2009-2-1
12		YD/T 5067-2005	900/1800MHz TDMA 数字蜂窝移动通信网工程验收规范	2006-7-25	2006-10-1
13		YD/T 5142-2005	移动智能网工程设计规范	2006-7-25	2006-10-1
14		YD/T 5115-2005	移动通信直放站工程设计规范	2006-7-25	2006-10-1
15		YD/T 5180-2009	移动通信直放站工程验收规范	2009-2-26	2009-5-1
16		YD 5190-2010	移动通信网直放站设备抗地震性能检测规范	2010-5-14	2010-10-1
17		YD/T 5169-2009	移动 WAP 网关工程验收规范		2009-5-1
18		YD/T 5120-2005	无线通信系统室内覆盖工程设计规范	2006-7-25	2006-10-1
19		YD/T 5104-2005	900/1800 MHz TDMA 数字蜂窝移动通信网工程设计规范	2006-7-25	2006-10-1
20		YD/T 5181-2009	宽带 IP 城域网工程验收暂行规定		2009-5-1
21		YD 5038-97	点对多点微波设备安装工程验收规范	1997-2-14	1997-4-1
22		YD/T 5141-2005	SDH 数字微波设备安装工程验收规范	2006-7-25	2006-10-1
23		YD/T 5161-2007	边远地区 900、1800MHz TDMA 数字蜂窝移动通信工程无线网络设计暂行规定	2007-10-25	2007-12-1
24		YD/T 5160-2007	无线通信系统室内覆盖工程验收规范	2007-10-25	2007-12-1
25		YD 5190-2010	YD 5190-2010 移动通信网直放站设备抗地震性能检测规范	2010-5-14	2010-10-1

2.4　通信线路工程

序号	专业	标准编号	标准名称	发布日期	实施日期
1		YD/T 5093-2005	光缆线路自动监测系统工程验收规范	2006-2-28	2012-3-21
2		YD/T 5066-2005	光缆线路自动监测系统工程设计规范	2006-2-28	2012-3-21
3		YD/T 5179-2009	光缆通信工程网管系统验收规范	2009-2-26	2012-3-21
4		YD/T 5176-2009	本地网光缆波分复用系统工程验收规范	2009-2-26	2012-3-21
5		YD/T 5152-2007	光缆进线室验收规定	2007-10-25	2012-3-21
6	通信线路	YD/T 5151-2007	光缆进线室设计规定	2007-10-25	2012-3-21
7		YD 5148-2007	架空光（电）缆通信杆路工程设计规范	2007-10-25	2012-3-21
8		YD 5125-2005	长途通信光缆塑料管道工程设计规范	2006-2-28	2006-6-1
9		YD 5043-2005	长途通信光缆塑料管道工程验收规范	2006-2-28	2006-6-1
10		YD 5102-2010	通信线路工程设计规范	2010-5-14	2010-10-1
11		YD 5121-2010	通信线路工程验收规范	2010-5-14	2010-10-1

2.5　通信管道工程

序号	专业	标准编号	标准名称	发布日期	实施日期
1	通信管道	YD/T 5162-2007	通信管道横断面图集	2007-10-25	2007-12-1

2.6　监理行业

序号	专业	标准编号	标准名称	发布日期	实施日期
1		YD 5124-2005	综合布线系统工程施工监理暂行规定	2006-7-25	2006-10-1
2		YD 5133-2005	移动通信钢塔桅工程施工监理暂行规定	2006-7-25	2006-10-1
3		YD 5125-2005	通信设备安装工程施工监理暂行规定	2006-7-25	2006-10-1
4		YD 5072-2005	通信管道和光（电）缆通道工程施工监理规范	2006-7-25	2006-10-1
5		YD 5086-2005	数字移动通信（TDMA）工程施工监理规范	2006-7-25	2006-10-1
6	监理行业	YD 5188-2010	公用计算机互联网施工监理暂行规定	2010-5-14	2010-10-1
7		YD 5073-2005	电信专用房屋工程施工监理规范	2006-7-25	2006-10-1
8		YD 5123-2010	通信线路工程施工监理规范	2010-5-14	2010-10-1
9		YD 5126-2005	通信电源设备安装工程施工监理暂行规定	2006-7-25	2006-10-1
10		YD 5189-2010	长途通信光缆塑料管道工程施工监理暂行规定	2010-5-14	2010-10-1
11		YD 5123-2010	通信线路工程施工监理规范	2010-5-14	2010-10-1

2.7 风险类

序号	文件名称	文件号	发布时间	实施日期
1	通信建设工程安全生产操作规范	工信部规【2008】110 号	2008-6-13	2008-08-01
2	通信工程建设环境保护技术暂行规定	工信部通【2009】76 号	2009-2-26	2009-05-01

参考文献

［1］王振中等. 通信建设工程监理（试用）. 北京：通信建设监理工程师培训教材编写组，2002.

［2］黄坚等. 通信工程建设监理. 北京：北京邮电大学出版社，2006.

［3］黄如宝等. 建设工程监理概论. 北京：知识产权出版社，2007.

［4］张开栋. 现代通信工程监理手册. 北京：人民邮电出版社，2009.

［5］曾庆军等. 建设工程监理概论. 北京：北京大学出版社，2011.

［6］建设工程监理规范（GB50319-2012），2012.

［7］建设工程安全生产管理条例，2004.1.